（第二版）

电力高处作业
防坠落技术

DIANLI GAOCHU ZUOYE
FANGZHUILUO JISHU

李瑞　编著

中国电力出版社
CHINA ELECTRIC POWER PRESS

内 容 提 要

高处作业防坠落技术是保障高处作业人员人身安全的重要防线，是每一个高处作业人员应掌握的技术。为更好地帮助高处作业人员熟悉并掌握防坠落技术，本书编者结合目前最新的研究试验结果、培训时学员关注的热点和难点，对《电力高处作业防坠落技术》修订形成第二版。

本书共分五章，即高处作业概述、高处坠落事故案例分析、高处作业基本防护器材应用及检验要求、防坠落装置典型布置方案、高处跌落营救。

本书可作为与高处作业相关的设计人员、从事电站和输变电工程施工、安装、运行、检修、维护、调试等高处作业的人员，以及相关其他行业从事高处作业人员的技术参考书、岗位培训教材，也可供安全监察管理人员阅读和参考，同时也是高处作业防坠落器材生产企业的技术参考书。

图书在版编目（CIP）数据

电力高处作业防坠落技术 / 李瑞编著．—2 版．—北京：中国电力出版社，2018.5

ISBN 978-7-5198-1883-8

Ⅰ.①电… Ⅱ.①李… Ⅲ.①电力工业-高空作业-安全技术 Ⅳ.①TM08

中国版本图书馆 CIP 数据核字（2018）第 060725 号

出版发行：中国电力出版社
地　　址：北京市东城区北京站西街 19 号（邮政编码 100005）
网　　址：http://www.cepp.sgcc.com.cn
责任编辑：翟巧珍（010-63412351）
责任校对：太兴华
装帧设计：张俊霞
责任印制：邹树群

印　　刷：三河市百盛印装有限公司
版　　次：2008 年 10 月第一版　2018 年 5 月第二版
印　　次：2018 年 5 月北京第三次印刷
开　　本：880 毫米×1230 毫米　32 开本
印　　张：7.25
字　　数：205 千字
印　　数：6001—9000 册
定　　价：30.00 元

前言

虽然如今人们愈来愈重视预防意外事故的发生，但每年在高处作业时由于人的不安全行为、物的不安全状态、环境不良、技能培训及监督管理不力等因素，引起的坠落伤亡事故时有报道。经统计，高处坠落是当今最主要的工业伤亡事故之一，排在各种事故的前三位。显而易见，高处作业充满着潜在危险，可能会有各种各样的因素引发坠落事故。因此，了解和掌握高处作业的基本原则和要求，充分利用和发挥高处作业基本防护器材的作用，合理地进行防坠落装置的布置或配置，快速而有效地实施营救，减轻失足跌落者的伤痛或伤害，对高处作业人员而言是十分必要的。

随着材料、工艺及人们对安全防护理念的发展，坠落防护领域的器材材料、制作工艺和安全管理的相关标准、规范或管理制度均已清理和修制订；为了适应需要，对《电力高处作业防坠落技术》进行了全面修订，特别是结合编者的试验研究成果及培训时收集到学员关注的热点、难点，详尽介绍了当今最先进、最前端的各类坠落防护器材应用技术及检验要求，介绍了各种高处作业基本防坠落装置的布置以及快速而有效地实施营救等技术：第一章详尽介绍了高处作业的定义、基本原则和要求以及安全规程相关要求；第二章列举了电站施工、试验高塔、杆塔组立、混凝土电杆等高处作业坠落事故及主要原因分析；第三章从头部、躯体的防护技术入手，逐一介绍了安全帽、安全带、保护绳、连接器、缓冲器、防坠器等高处作业基本防护器材应用技术及检验要求；第四章从电力行业常见的施工、运维及修试等作业出发，介绍了角钢塔、钢管杆塔及构架、混凝土电杆等攀登及出线、变电站电力设备检修、高处平台作业等实际作业场景的防坠落装置典型布置方案；第五章介绍了主流的跌落营救器材、营救作业、营救预案等高处跌落营救技术。

本书在编写过程中承蒙许多专业人员的热情帮助和大力支持，

在此一并致以感谢。

《电力高处作业防坠落技术》自2008年出版以来，承蒙广大读者的喜爱，编者十分感谢。2018年初《电力高处作业防坠落技术（第二版）》编写完成，甚感欣慰！愿本书的再版，能为广大从事高处作业的同仁提供借鉴、参考。

限于编者水平，书中难免存有不妥之处，恳请广大读者批评指正。

编　者

2018年于杭州

目录

高处作业概述

什么是高处作业？高处作业的基本原则和要求是什么？编者曾带着这几个问题去过许多地方、询问过许多从事高处作业的人员，大多数的答案促使我一个城市一个城市、一个工区一个工区努力深入安全作业的第一线更详尽地讲述下面的话题。

第一节　高处作业的定义

谈及高处作业，结合 GB/T 3608—2008《高处作业分级》的规定，首先应明确与高处作业相关的定义或术语。

一、高处作业

在距坠落高度基准面 2m 或 2m 以上有可能坠落的高处进行的作业均称为高处作业。

二、坠落高度基准面

通过可能坠落范围内最低处的水平面称为坠落高度基准面。

三、可能坠落范围

以作业位置为中心、可能坠落范围半径为半径划成的与水平面垂直的柱形空间称为可能坠落范围。

四、可能坠落范围半径

为确定可能坠落范围而规定的相对于作业位置的一段水平距离称为可能坠落范围半径（一般以 R 表示），高处坠落事故案例和模拟试验的统计结果表明，可能坠落范围半径的大小取决于作业现场的地形、地势或建筑物分布等有关的基础高度。

五、基础高度

以作业位置为中心、6m 为半径画出的垂直于水平面的柱形空间内的最低处与作业位置间的高度称为基础高度（一般以 h_b 表示）。

六、高处作业高度

作业区各作业位置至相应坠落高度基准面的垂直距离中的最大值称为该作业区的高处作业高度（简称作业高度，一般以 h_w 表示）。

不同基础高度的可能坠落范围半径见表 1–1。

表 1–1　不同基础高度的可能坠落范围半径　（m）

基础高度 h_b	$2 \leqslant h_b \leqslant 5$	$5 < h_b \leqslant 15$	$15 < h_b \leqslant 30$	$h_b > 30$
可能坠落范围半径 R	3	4	5	6

下面通过两个例题介绍如何进行作业高度 h_w 的计算。

［例 1–1］ A 作业区与地面的垂直距离为 20m，B 作业区与地面的垂直距离为 8m，两作业位置垂直面最短水平距离为 3m，如图 1–1 所示，计算作业高度 h_w。

解： A 作业区作业高度 h_{wA} 计算步骤如下：

（1）首先确定基础高度 h_{bA}。按照基础高度 h_b 的定义，以 A 作业区右侧边缘为中心、6m 为半径、画出的垂直于水平面的柱形空间内的最低处与作业位置间的高度差——基础高度 h_{bA} 为 20m。

（2）确定可能坠落范围半径 R。依据表 1–1，可能坠落范围半

径 R 为 5m。

（3）计算作业高度 h_{wA}。按照图 1–1 所示，作业人员有可能坠落在两作业位置的中间最低处水平面区域内，故 A 作业区的作业高度 h_{wA} 为 20m。

同理，B 作业区作业高度 h_{wB} 为 8m。

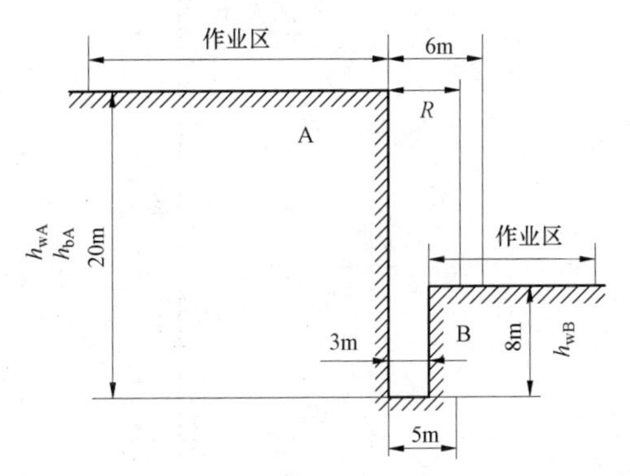

图 1–1　作业高度计算示意图一

［例 1–2］A 作业区与地面的垂直距离为 35m，B 作业区与地面的垂直距离为 28m，B 作业区水平长度为 12m，两作业位置相邻且作业水平面高差相距为 7m，如图 1–2 所示，计算作业高度 h_w。

解：A 作业区作业高度 h_{wA} 计算步骤如下：

（1）首先确定基础高度 h_{bA}。按照基础高度 h_b 的定义，以 A 作业区右侧边缘为中心、6m 为半径、画出的垂直于水平面的柱形空间内的最低处与作业位置间的高度差——基础高度 h_{bA} 为 7m（A 作业区水平面与相邻的 B 作业区水平面高差）。

（2）确定可能坠落范围半径 R。依据表 1–1，可能坠落范围半径 R 为 4m。

（3）计算作业高度 h_{wA}。按照图 1–2 所示，作业人员从 A 作业区可能坠落至 B 作业区的坠落范围半径 R 为 4m，未超越 B 作业面水平长度 12m。因此，作业人员从 A 作业区不可能越过 B 作业区而坠落到地面，故 A 作业区的作业高度 h_{wA} 为 7m。

同理，B 作业区作业高度 h_{wB} 为 28m。

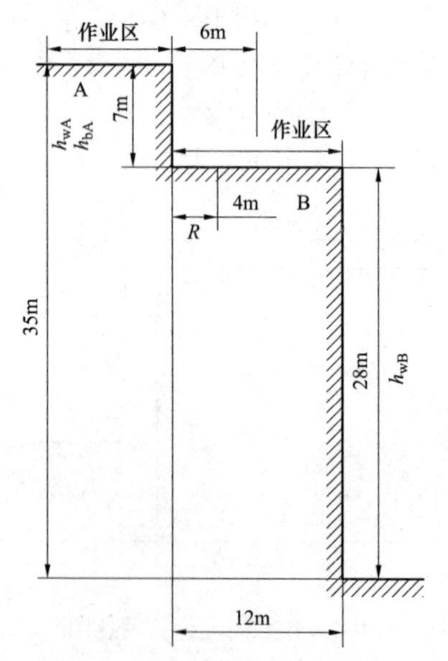

图 1–2　作业高度计算示意图二

第二节　高处作业的基本原则和要求

高处作业充满着潜在危险，可能会有各种各样的因素引发坠落事故，因此，了解和掌握高处作业的基本原则和要求，对高处作业人员而言是十分必要的。

一、易引发坠落的客观危险因素

引发坠落的客观危险因素很多，主要有以下几方面：

（1）高处作业现场出现阵风风力六级（风速 10.8m/s）以上的气象状况。

（2）在 35℃及以上的高温环境中从事高处作业。

（3）在–10℃及以下的低温环境中从事高处作业。

（4）高处作业场地有水、霜、冰、雪、油等易滑物。

（5）高处作业环境自然光线不足、能见度差。

（6）高处作业位置接近或接触高压线。

（7）高处作业立足处不是平面或只有很小的平面，致使作业者无法维持正常姿势，因作业人员的摆动而引发坠落事故。

因此，对照电力工程的实际情况，在电力建设、运维修试等生产过程的作业中存在着大量极易引发坠落的高处作业。

二、高处作业的基本原则

高处作业的基本原则主要有以下三方面：

（1）应注重作业团队的安全理念。

（2）应加强作业过程的安全意识、作业人员的相互协作与信任。

（3）应配备个人防护装备。给高处作业人员配备个人防护装备是一种“预防”，让高处作业人员熟悉（至少是了解）高处作业安全要求和个人防护装备才是最后的安全屏障。

所以，高处作业人员应通过学习安全工作规程提升安全理念；通过培训建立高处作业的安全意识、熟悉作业过程、增强作业人员相互间协作与信任；通过培训熟悉个人防护装备的应用与检验，懂得如何选择合适的防护装备、完善作业防护、降低坠落风险等。

总而言之，不论作业场所距离基准面的高低，不论器材、装备性能的优劣，作业人员必须是受过适当培训的合格作业人员，作业团队必须是受过适当培训的合格作业团队。

三、高处作业的基本要求

1. 限制活动范围

限制活动范围是利用防护装置限制作业人员的活动范围，防止其下跌。在高处作业场所，我们可通过一根安全带将作业人员与固定点（或水平安全绳）连接在一起，如图 1–3 所示。这样，就可以保证作业人员在工作时避免进入有可能发生坠落的区域，此时不仅能防止作业人员坠落，还能让作业人员腾出本该去维持身体平衡的手进行其他操作，既保障作业人员从事高处作业时的安全性又可提高工作效率，是一种高处作业安全性及可行性较好的选择。

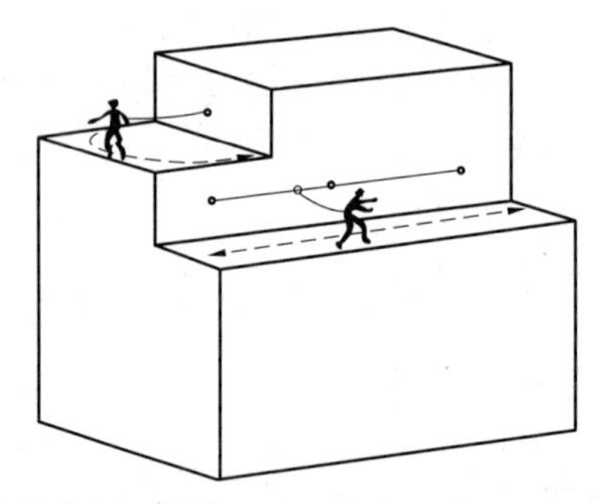

图 1–3　利用防护装置限制作业人员在高处作业时的活动范围示意图

2. 维持工作位置

维持工作位置是利用防护装置维持作业人员在高处作业时的作业位置，防止其下跌。在高处作业场所，我们可在作业平台上部利用固定悬挂点或临时悬挂柱或设置水平安全绳等装置，让作业人员通过一根安全带与上述装置连接，如图 1–4 所示。这样，就可以保证作业人员在工作时始终处于安全作业区域，避免可能发生的坠落。

设定安全作业平台不仅能防止作业人员坠落，还能消除作业人员可能存在的高处作业恐惧感。

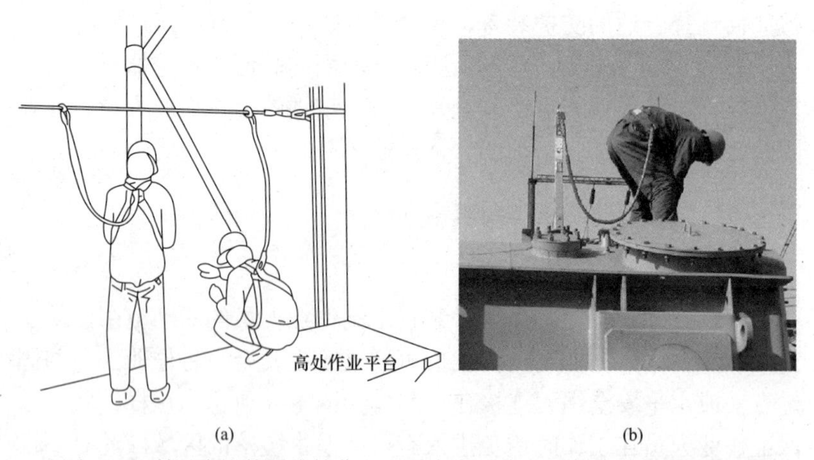

图 1–4　利用防护装置维持作业人员在高处作业时的作业位置示意图

（a）高处作业平台；（b）变压器顶部

3. 保护活动过程

保护活动过程是利用防护装备保护作业人员在高处作业时的活动过程，防止其下跌。输电线路杆塔一般情况下都没有作业保护平台装置，高处作业人员必须以个人保护装置确保自身的安全。例如，当作业人员在杆塔上安装或拆卸塔材时，为保护自己防止发生坠落，必须使用可使作业过程腾出双手工作的防坠落装置，如图 1–5 所示。

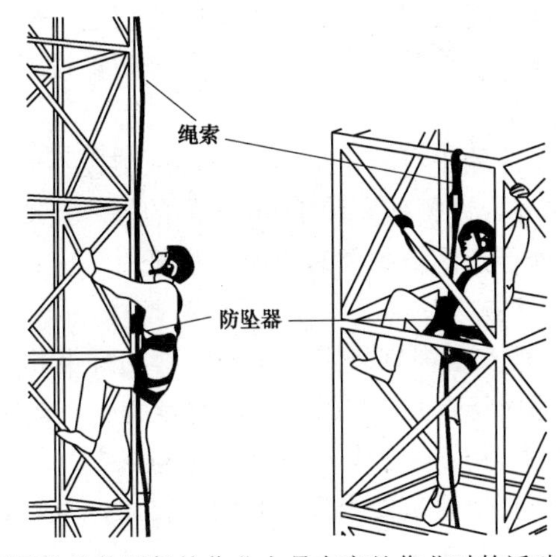

图 1–5　利用防护装置保护作业人员在高处作业时的活动过程示意图

第三节　高处作业安全规程相关要求

高处作业充满了危险性，所以各行各业均对高处作业制定了相关的安全工作规程，学习高处作业必要的安全规程、掌握高处作业必要的防护技术和安全措施，是每一个高处作业人员的责任。以下是 DL 5009.1—2014《电力建设安全工作规程　第 1 部分：火力发电》、DL 5009.2—2013《电力建设安全工作规程　第 2 部分：电力线路》、DL 5009.3—2013《电力建设安全工作规程　第 3 部分：变电站》、Q/GDW 1799.1—2013《国家电网公司电力安全工作规程（变电部分）》和 Q/GDW 1799.2—2013《国家电网公司电力安全工作规程（线路部分）》等对高处作业的相关要求。

一、发电厂与变电站高处作业安全规程

依据电力行业发电厂与变电站安全工作规程，对高处作业规定了以下要求：

（1）在编制施工组织设计及施工方案时，应尽量减少高处作业。技术人员编制高处作业的施工方案中应制定安全技术措施。

（2）高处作业应设置牢固、可靠的安全防护设施；作业人员应正确使用劳动防护用品。

（3）高处作业的平台、走道、斜道等应装设不低于 1.2m 高的护栏（0.5～0.6m 处设腰杆）和 180mm 高的挡脚板或设防护立网。

（4）当高处行走区域不便装设防护栏杆时，应设置手扶水平安全绳，且符合下列规定：

1）手扶水平安全绳宜采用带有塑胶套的纤维芯 6×37+1 钢丝绳，其技术性能应符合 GB 1102《圆股钢丝绳》的规定。

2）钢丝绳两端应固定在牢固可靠的构架上，在构架上缠绕不得少于两圈，与构架棱角处相接触时应加衬垫。宜每隔 5m 设牢固支撑点，中间不应有接头。

3）钢丝绳端部固定和连接应使用绳夹，绳夹数量不应少于 3 个，绳夹应同向排列；钢丝绳夹座应在受力绳头的一边，每两个钢丝绳绳夹的间距不应小于钢丝绳直径的 6 倍；末端绳夹与中间绳夹之间应设置安全观察弯，末端绳夹与绳头末端应留有不小于 200mm 的安全距离。

4）钢丝绳固定高度应为 1.1～1.4m，钢丝绳固定后弧垂不得超过 30mm。

5）手扶水平安全绳应作为高处作业人员行走时使用。钢丝绳应无损伤、腐蚀和断股，固定应牢固，弯折绳头不得反复使用。

（5）高处作业区周围的临边、孔洞、沟道等应设盖板、安全网或防护栏杆。应设置安全标志，夜间还应设红灯示警。

（6）在夜间或光线不足的地方进行高处作业，应设足够的照明。

（7）在气温低于−10℃进行露天高处作业时，施工场所附近宜设取暖休息室，并采取防火措施。

（8）遇六级及以上大风或暴雨、雷电、冰雹、大雪、大雾、沙尘暴等恶劣天气时，应停止露天高处作业。

（9）高处作业应系好安全带，安全带的安全绳应挂在上方的牢固可靠处，并应采用高挂低用的方式。禁止挂在移动或不牢固的物件上 [如隔离开关（刀闸）支持绝缘子、CVT 绝缘子、母线支柱绝缘子、避雷器支柱绝缘子等]。在作业过程中，高处作业人员应随时检查安全带是否拴牢，在转移作业位置时不得失去保护。高处作业应设安全监护人。

（10）高处作业人员在从事活动范围较大的作业时，应使用速差自控器。

（11）高处作业地点、各层平台、走道及脚手架上不得堆放超过允许载荷的物件且不得阻塞通道，施工用料应随用随吊。

（12）高处作业人员应配带工具袋，工具应系安全绳；传递物品时，严禁抛掷。

（13）高处作业人员不得坐在平台或孔洞的边缘，不得骑坐在栏杆上，不得躺在走道上或安全网内休息，不得站在栏杆外作业或凭借栏杆起吊物件。

（14）高处作业时，点焊的物件不得移动；切割的工件、边角余料等有可能坠落的物件，应放置在安全处或固定牢固。高处电焊作业或其他有火花、熔融源等的场所使用的安全带或安全绳应有隔热防磨套等措施防止安全绳（带）损坏。

（15）高处作业区附近有带电体时，传递绳应使用干燥的麻绳或尼龙绳，严禁使用金属线。

（16）应根据物体可能坠落的范围设定危险区域。危险区域应设围栏及“严禁靠近”的警示牌，严禁人员逗留或通行。

（17）高处作业过程中需与配合、指挥人员沟通时，应确定联系信号或配备通信装置，专人管理。

（18）悬空作业应使用吊篮、单人吊具或搭设操作平台，且应设置独立悬挂的安全绳、使用攀登自锁器，安全绳应拴挂牢固，索具、吊具、操作平台、安全绳应经验收合格后方可使用。

（19）上下脚手架应走上下通道或梯子，不得沿脚手杆或栏杆等攀爬。不得任意攀登高层建（构）筑物。

（20）高处作业时应及时清除积水、霜、雪、冰，必要时应采取可靠的防滑措施。

（21）非有关作业人员不得攀登高处，登高参观人员应有专人陪同，并严格按有关安全规定执行。

（22）在屋面上作业时，应有防止坠落的可靠措施。

（23）在没有脚手架或者在没有栏杆的脚手架上工作，高度超过 1.5m 时，应使用安全带或采取其他可靠的安全措施。安全带和专作固定安全带的绳索在使用前应进行外观检查，并定期进行试验，不合格的不准使用。高处作业使用的脚手架应经验收合格后方可使用。

（24）施工中应尽量减少立体交叉作业。无法避免交叉作业时，应事先组织交叉作业各方，明确各自的施工范围及安全注意事项；各工序应密切配合，施工场地尽量错开，以减少干扰。无法错开的垂直交叉作业，层间应搭设严密、牢固的防护隔离设施。

（25）交叉作业场所的通道应保持畅通；有危险的出入口处应设围栏并悬挂安全标志。

（26）隔离层、孔洞盖板、栏杆、安全网等安全防护设施不得任意拆除。必须拆除时，应征得原搭设单位的同意，在工作完毕后应立即恢复原状并经原搭设单位验收。不应乱动非工作范围内的设备、机具及安全设施。

（27）交叉施工时，工具、材料、边角余料等不得上下抛掷。不得在吊物下方接料或停留。

二、电力线路高处作业安全规程

依据电力行业电力线路安全工作规程，对高处作业规定了以下要求：

（1）凡参加高处作业的人员，应每年进行一次体检。高处作业人员应衣着灵便，穿软底防滑鞋，并正确佩戴个人防护用具。

（2）高处作业人员必须正确使用安全带，宜使用全方位防冲击安全带，并应采用速差自控器等后备保护措施。安全带及后备保护措施应固定在构件上，不宜低挂高用。高处作业过程中，应随时检查扣结绑扎的牢靠情况。

（3）安全带在使用前应检查是否在有效期内，是否有变形、破裂等情况，不得使用不合格的安全带。

（4）高处作业均应先搭设脚手架、使用高空作业车、升降平台或采取其他防止坠落措施，方可进行。

（5）在坝顶、陡坡、屋顶、悬崖、杆塔、吊桥以及其他危险的边沿进行工作，临空一面应装设安全网或防护栏杆，否则作业人员应使用安全带。

（6）峭壁、陡坡的场地或人行道上的冰雪、碎石、泥土应经常清理，靠外面一侧应设 1.05～1.20m 高的栏杆。在栏杆内侧设 180mm 高的侧板，以防坠物伤人。

（7）高处作业所用的工具和材料应放在工具袋内或用绳索拴在牢固的构件上，上下传递物件时应使用绳索，不得抛掷。

（8）在高处作业中，作业人员应随时检查安全带是否拴牢。高处作业人员在攀登或转移作业位置时不得失去安全带保护。杆塔上水平转移时应使用水平绳或设置临时扶手，垂直转移时应使用速差自控器或安全自锁器等装置。杆塔设计时应提供安全保护设施的安装用孔或装置。钢管杆塔、30m 以上杆塔和 220kV 及以上线路杆塔，宜设置作业人员上下杆塔和杆塔上水平移动的防坠安全保护装置。

（9）高处作业人员上下杆塔应沿脚钉或爬梯攀登，不得使用绳索或拉线上下杆塔，不得顺杆或单根构件下滑或上爬。

（10）攀登无爬梯或无脚钉的电杆应使用登杆工具，多人上下同一杆塔时应逐个进行。

（11）攀登杆塔作业前，应先检查根部、基础和拉线是否牢固。新立杆塔在杆基未完全牢固或做好临时拉线前，禁止攀登。遇有冲刷、起土、上拔或导地线、拉线松动的杆塔，应先培土加固，打好临时拉线或支好杆架后，再行登杆。

（12）登杆塔前，应先检查登高工具和设施，如脚扣、升降板、安全带、梯子和脚钉、爬梯、防坠装置等是否完整牢靠。禁止携带器材登杆或在杆塔上移位。攀登有覆冰、积雪的杆塔时，应采取防滑措施。上横担进行工作前，应检查横担连接是否牢固和腐蚀情况，检查时安全带（绳）应系在主杆或牢固的构件上。

（13）作业人员攀登杆塔、杆塔上转位及杆塔上作业时，手扶的构件应牢固，不准失去安全保护，并防止安全带从杆顶脱出或被锋利物损坏。

（14）在杆塔上作业时，应使用有后备保护绳或速差自锁器的双控背带式安全带，当后备保护绳超过 3m 时，应使用缓冲器。安全带和后备保护绳应分别挂在杆塔不同部位的牢固构件上。后备保护绳不准对接使用。

（15）在杆塔上水平使用梯子时，应使用特制的专用梯子。工作前应将梯子两端与固定物可靠连接，一般应由一人在梯子上工作。

（16）在带电体附近进行高处作业时，与带电体的最小安全距离应符合表 1–2 的规定，临近带电体的作业应编制安全技术措施，经总工程师批准后方可施工。

表 1–2　　高处作业与带电体最小安全距离

项目	参数值					
带电体的电压等级（kV）	≤10	35	63～110	220	330	500
工器具、安装构件、导线、地线与带电体的距离（m）	2.0	3.5	4.0	5.0	6.0	7.0
作业人员的活动范围与带电体的距离（m）	1.7	2.0	2.5	4.0	5.0	6.0
整体组立杆塔与带电体的距离（m）	应大于倒杆距离（自杆塔边缘到带电体的最近侧为最小安全距离）					

（17）在霜冻、雨雪后进行高处作业，人员应采取防冻和防滑措施。低温或高温环境下进行高处作业，应采取保暖和防暑降温措施，作业时间不宜过长。

（18）施工中应避免立体交叉作业。无法错开的立体交叉作业，应采取防高处落物、防坠落等防护措施。

（19）梯子应坚固完整，有防滑措施。梯子的支柱应能承受作业人员及所携带的工具、材料攀登时的总重。

（20）硬质梯子的横档应嵌在支柱上，梯阶的距离不应大于400mm，并在距梯顶 1m 处设限高标志。使用单梯工作时，梯子与地面的斜角度为 60° 左右。梯子不宜绑接使用。人字梯应有限制开度的措施。人在梯子上时，禁止移动梯子。

（21）使用软梯、挂梯作业或用梯头进行移动作业时，软梯、挂梯或梯头上只准一人工作。作业人员到达梯头上进行工作和梯头开始移动前，应将梯头的封口可靠封闭，否则应使用保护绳防止梯头脱钩。

（22）利用高空作业车、带电作业车、叉车、高处作业平台等进行高处作业，高处作业平台应处于稳定状态，需要移动车辆时，作业平台上不准载人。

第二章

高处坠落事故案例分析

在电力工程中由于人的不安全行为、物的不安全状态、环境不良及监督管理不力等各方面因素造成的各种事故中，经统计排在前三位的事故分别为触电、高处坠落和误操作，显而易见，每年因高处坠落而引发的人身伤亡事故是屡见不鲜、屡禁不止，这一现象值得引起人们的深思、关注和重视。

第一节　电站施工作业坠落事故

初春的某日，某电厂 5、6 号机组续建工程发生一起高处坠落事故，造成 3 人死亡。

一、事故发生经过

某电厂 5、6 号机组续建工程由某建筑公司承建，该工程主体为钢结构。6 号机组东西（A～B 轴）钢屋架跨度为 27m，南北（51～59 轴）长 63m，共 7 个节间，钢屋架间距为 9m，屋架上弦高度为 33.2m。屋架上部为型钢檩条，间距为 28m，檩条上部铺设钢板瓦。钢板瓦采用厚 12mm 钢板轧制成槽型，板与板可以咬合连接，每块板外形尺寸为 9800mm×830mm，重 92kg。

钢板瓦按长度平行屋架跨度的东西方向，沿南北铺设，第 1 块板铺设后用螺丝与檩条进行固定再铺第 2 块。截至当日，已完成 51～52 轴 1 个节间的铺板。

当日继续铺设钢板瓦作业，开始从 52～53 轴之间靠近 A 轴位置铺完第 1 块板，但没进行固定又进行第 2 块板铺设，为图省事，将第 2 块及第 3 块板咬合在一起同时铺设。因两块板不仅面积大且重量增加、操作不便，5 名人员在钢檩条上用力推移，由于上面操作人员未挂安全带，下面也未设置安全网，推移中 3 名作业人员从屋面（+33m）坠落至汽轮机平台上（+12.6m），造成 3 人死亡。

二、事故原因分析

事故原因可从技术方面和管理方面进行分析。

1. 技术方面

在铺完第 1 块板后，没有用螺丝固定便继续铺第 2 块板，从而没有一个稳定的作业条件，给继续作业带来危险。且作业时一次铺设 2 块，更增加了作业难度。

铺板是在 33m 高处的屋架上弦作业，为使作业人员挂住安全带，在 52 轴的钢屋架上弦处拉了一条ϕ25mm 的白棕绳作为安全绳，然而作业人员并没按要求将安全带系牢在安全绳上，因而失去了唯一的安全保障。

按高处作业规范规定在如此高处的钢屋架上作业，应在节间处设置安全平网，而此作业场所却未设置，因此，当发生意外坠落时，没有可靠的安全防护措施，从而造成死亡事故。

2. 管理方面

施工承包单位编制的施工组织设计未经审批程序，以致安全防护措施过于简单。钢结构吊装是一项比较危险的高处作业工程，应按作业人员上下、高处作业中的临边等作业条件，全面考虑防护措施。高处作业规范要求，在铺设第 1 块屋面板时，作业人员不能站在屋架上弦作业，必须站在搭设的操作平台上操作；人员操作不允许在屋架和钢梁上行走，要求在屋架下弦处张挂安全网等。而该工程只采用了拉一根安全绳为作业人员挂安全带用，过于简单。当作业人员忽视或挂安全带后操作不便等情况下而未挂安全带时，就缺乏其他安全保护措施。

屋面铺板属屋面吊装作业范围，作业人员属特种作业。该工程雇佣劳务工人，未经专业培训，也没特种作业操作证，因而作业中违章，又未能得到及时指正，导致发生坠落死亡。

综上所述，本次事故主要原因有两个方面：

（1）作业人员未经培训上岗作业，不具备基本作业条件。

（2）高处作业的防护措施过于简单，未能按规定和施工工艺创造安全作业条件。

三、事故性质与责任

对安全事故应确认事故性质和事故主要责任。

1. 事故性质

本次事故属于责任事故。该施工企业既不按规定对作业人员资格进行审查，不进行作业前的培训，又不按施工工艺全面采取防护措施，方案过于简单，以致发生意外事故时失去防护。

2. 事故主要责任

本事故涉及的施工项目负责人和建筑公司主要负责人应承担本次事故的主要责任。

（1）施工项目负责人在编制施工方案中安全措施过于简单，未按施工工艺全面考虑，施工前又未对作业人员交底，未强调作业程序及必须挂牢安全带和进行检查，致使铺设第 2 块板时便发生事故，应负指挥责任。

（2）某建筑公司主要负责人对该公司的管理失误，施工方案编制后未经审批、作业人员未经培训以及现场作业违章未能及时得以制止等违章行为负主要管理责任。

四、事故的预防对策

为防止事故的再发生，采取了以下事故的预防对策：

（1）各级管理人员认真学习《中华人民共和国建筑法》《中华人民共和国安全生产法》《建设工程安全生产管理条例》中的各项规定，并对照本企业的实际管理进行总结改进，提高法制观念，严肃认真地贯彻落实。

（2）加强作业人员的特种作业专业培训，提高作业人员对违章作业危害性的认识，加强作业人员自身安全防护意识。

（3）提高技术素质，学习相关规范。凡专项施工方案必须符合相关规范规定，并经上级技术负责人审批，避免施工指挥的随意性；应将项目负责人的指挥行为纳入规范化管理轨道。

五、事故反思

轻钢结构工程由于结构质量轻、施工速度快，在城市建设中逐渐得到发展。从本工程施工中可看到安全防护设施存在着严重问题，以至不能确保作业人员的安全，其原因是：

（1）由于轻钢结构构件的刚度差，不便设置临时措施。

（2）安全工程是一项系统工程，而设计单位只考虑结构设计，未考虑结构安装过程中设置临时安全防护的设计，从而给设置安全措施带来困难。

（3）由于钢结构施工速度快，施工单位怕麻烦，不打算花费更多时间、更多材料搭设安全措施，只发给作业人员一条安全带，因此，轻钢结构安装中的安全防护问题亟待解决。

本次事故虽然表现在工人违章操作，实质上是安全措施存在问题。没有搭设操作平台，工人只能在钢梁上冒险作业；虽然每人发了一条安全带，但挂安全带处距离作业位置过远，即使挂了安全带，作业移动时还要解除安全带，来回往返挂安全带也不方便使用；另外，在高处作业的情况下（距地面33m）不设置安全网，工人在钢梁上作业时完全依靠自己注意，钢结构屋面不像混凝土表面粗糙，随时都有坠落危险；再加上对作业人员没有进行严格要求和训练，稍不注意必然发生事故。因此，安全工作应该贯彻“以人为本”的指导思想，应该为作业人员提供一个最基本的安全作业条件。

本次事故违反了JGJ 80—2016《建筑施工高处作业安全技术规范》的规定，安全规范是人们用鲜血写就的，违规违章必然要付出血的代价。高处作业的人员，万不可以身试规啊！

第二节　试验高塔作业坠落事故

除夕，某研究所试验基地发生一起外包单位人员高处坠落事故，一名送电临时工死亡。

一、事故发生经过

上午10时许，某电建分公司在研究所杆塔试验基地拆除试验塔施工中，送电工曲某（为聘用的临时工）准备拆塔挂吊点时，在攀爬过程中失去安全带的保护，从铁塔上约42m高处坠落至地面。当时，现场施工人员立即拨打了120急救中心。15min后，120急救车到达事故现场，经医护人员现场检查，曲某已经当场死亡。

二、事故原因分析

事故发生后，研究所和电建公司领导立即赶赴现场，听取事故现场人员的介绍，初步了解和分析了事故情况和原因，召开了现场办公会，成立了事故调查处理小组，并按有关规定向公安部门报了案。事发第二天，事故调查处理小组召开了所属单位第一责任人、安全员和杆塔试验站全体人员（包括外包队伍）参加的安全分析现场会，会议认真分析了此次事故发生的原因。

1. 事故的主要直接原因

（1）作业人员在杆塔上转位时，未系好安全带，动作失稳，从高处坠落，是造成事故发生的直接原因。

（2）作业人员的安全生产意识和自我保护意识淡薄，以致在高处作业转位时，违章作业，失去安全带的保护，是造成事故发生的根本原因。

（3）施工现场缺乏全面的安全防范措施，没有严格执行安全监督检查制度；电建分公司疏于安全管理，现场安全监察不到位，没有要求作业人员在任何时候都不能失去安全保护，是这起事故发生的另一个直接原因。

2. 事故的主要间接原因

（1）研究所对外包单位的管理、外包单位的资质审查和签约不严，某电建公司只具有送变电二级施工资质，只能承接220kV及以下电压等级输电线路的施工，而试验铁塔是一基500kV输电线路的铁塔。在施工队伍资质不够的条件下与其签订了承包合同，为事故的发生埋下了隐患。且部分合同条款欠严谨，存在一定漏洞。

（2）开工前未按有关规定专门对承包方负责人、工程技术人员和安监人员进行全面的安全技术交底，缺乏完整的安全技术交底记录。

（3）研究所的杆塔试验高处作业较多，虽然每次作业时要求承包方有安全员现场监督作业，但发包方未发挥安全监督和技术把关的作用，很少进行专门的安全技术交底，很少检查承包方的安全措施，对应有的现场安全监督没有形成常态机制，存在“以包代管”和麻痹大意的思想。

（4）研究所和承包方签订的安全生产管理协议，由于认知水平上的差距，在安全生产职责的划分、落实安全生产措施、确定安全监督人员以及安全生产的监督与协调等方面，没有完全符合国家电网基建〔2005〕531号《国家电网公司电力建设工程分包、劳务分包及临时用工管理规定（试行）》。

三、防范措施

针对此次事故，研究所组织全体员工召开安全会，对全所职工进行安全教育，提高安全意识；学习电力安全工作规程，认真查找存在的不安全因素与问题，制订整改措施进行整改，深刻吸取本次事故教训。电建公司组织新员工进行安全学习和军事训练，提高员工的组织纪律性和安全意识，明确各自分工及职责，要求员工严格按照操作规程进行作业，规范员工的管理，完善安全防护用品和设施。为消除事故隐患，杜绝类似事故的发生，提出如下整改措施：

（1）研究所应严格履行外包工程资质审查程序，杜绝超资质承包工程，并严格履行作业规程的有关规定，认真进行各项交底，并做好记录。

（2）杆塔试验基地和电建公司领导应进一步加强和规范员工的岗前技能培训，加强安全知识教育。

（3）杆塔试验基地进一步加强对员工的管理，组织员工学习并要求严格执行电力安全工作规程：在杆塔高处作业时，应采用有后背绳的双保险安全带，人员在转位时，手扶的构件牢固，且不得失去后背保护绳的保护。

（4）杆塔试验基地进一步落实安全例会制度和技术、安全交底制度，认真落实班前例会、周例会和月例会。在每一基塔试验前，严格进行技术、安全交底，并执行交底签字确认程序，认真做好交底记录。

（5）进一步完善试验作业条件，使试验作业使用工具、设备以及劳动保护设施和防护用品的配备等符合安全要求，对于有安全隐患或功能有缺陷的一律停用。

（6）严格执行安全检查和监督制度，切实做好试验现场施工的安全管理。

四、事故的责任分析和处理意见

经区安全生产监督管理局调查认定，此事故属于生产安全事故，高处作业人员曲某违章操作，负有事故的直接责任；电建公司领导对施工现场安全管理不到位，施工现场缺少全面的安全防护措施，没有严格执行安全监督检查制度，未对施工人员进行岗前安全教育培训，负有管理责任。

（1）区安全生产监督管理局，对电建公司下达了强制措施决定书，下令停工。待验收合格，申请复工后方可施工。

（2）区安全生产监督管理局，对电建公司下达了安全生产违法行为行政执法文书——行政处罚决定书，给予 40 000 元人民币罚款。

（3）电建总公司对电建分公司经理（负有管理责任）给予 1000 元罚款。

（4）电建总公司对总经理（负有领导责任）给予 5000 元罚款。

五、事故反思

此次事故发生后，虽然地方政府有关部门经过调查，作了明确的结论，认定主要原因和责任在电建公司，但研究所自身的安全管理工作仍有很多不到位之处，本次事故给安全生产和管理工作敲响了警钟。在事故得到妥善处理后，应“关起门”、静下心，认真学习有关安全生产管理规定，对照国家电网安监〔2005〕145 号《国家电网公司电力生产事故调查规程》分析和查找原因，通过学习、分析和自查，深刻认识到对国家电网公司安全生产监督管理方面的规定和要求学习不够，对安全条款的理解和认识不深，对安全生产监督管理重要性的认识不到位，主要体现在以下几方面：

（1）尽管国家电网公司系统安全生产长期以来坚持“安全第一，预防为主，综合治理”的方针，但是对于科研企业来说，由于自身工作的性质和特点，长期没有按照国家电网公司生产主业的高标准、严要求来抓安全生产和管理，使大家对安全生产的重要性认识不足，忧患意识和风险意识不足。安全管理水平与国家电网公司生产主业相比存在较大距离。

（2）长期以来，全所上下始终认为研究所最主要的问题是效益问题、稳定问题，对安全生产和管理考虑较少，职工的安全意识、自我保护意识和安全防范技能不足。因此在安全体系的建立上、在安全制度的制定和监督检查方面，失之于宽，更没有形成常态机制。

（3）由于研究所业务量的迅速扩大，在实际工作中，很多领导和员工对于加快发展过程中安全问题会迅速凸显出来这种形势的严重性估计不足。没有认识到，随着工作量的增加和员工工作强度的加大对员工的心理安全防范意识会产生影响，在安全方面更容易出问题，因而更应该加强安全生产的监督和管理。

（4）随着科研任务和生产任务总量的不断增加，承担研究所各项工作的外来队伍和外来人员也相应不断增加，研究所在对外来人员的安全教育和安全管理方面存在缺陷。缺乏双方在安全生产管理制度上的有机联系和有效沟通；在生产、试验的安全监督管理措施上还不够到位，在狠抓落实和精细化管理方面存在明显的不足，本次事故的发生恰恰说明研究所在这方面的工作还存在较多的漏洞。

因此，加强安全生产管理，是发包方和承包方共同的责任。

第三节　杆塔组立作业坠落事故

某日14时左右，某送变电公司分包单位在500kV输电线路工程耐张塔的组立过程中，发生一起人身伤亡事故，死亡2人、重伤1人、轻伤2人。

一、事故简要情况

当日某送变电公司施工队队长甘某与现场施工安全负责人陈某带领分包单位20余名施工人员进行耐张塔组立施工，采用悬浮式内拉线抱杆分解组立铁塔施工方法。

13时10分左右，开始起吊横担；13时40分铁塔横担起吊到位，绞磨停止牵引，控制绳调整到位固定好。指挥员叫地面人员固定好所有控制风绳并保持稳定。然后高处作业人员从地面到高处进位组装，作业人员黄某、何某、阿某和吉某4人陆续到达指定位置并系好安全带，张某到达指定位置后正准备系安全带，邹某开始向上攀登。13时50分左右，风力突然转大，超过6级（当地气象局记载当时当地风速为11～14m/s，由于现场处于较强的风口位置，估计风速更大）。横担控制风绳受力增加，左侧控制风绳连接缠绕固定的铁桩因受力过大，突然上拔，风绳失去控制，铁塔上、下曲臂向大号侧扭倒，抱杆也随之倾倒，张某由于尚未拴好安全带当即从空中坠落，黄某、何某、阿某、吉某四名高处作业人员随曲臂而坠落，邹某未受伤害。张某在抢救中死亡，其余伤员在当地县医院进行治疗，18时10分左右，黄某经抢救无效死亡，其他3名伤者送往市医院治疗，受伤人员无生命危险。这起事故共造成2人死亡、1人重伤、2人轻伤。

二、事故反思

从事故简要情况可以看出，引发高处坠落事故的因素很多，有难以预料的自然灾害、有施工前准备工作的不足、有施工中缺少应急处理能力、有对自身的保护不到位等，都是造成高处坠落事故的原因。从事故中看出，张某由于尚未拴好安全带，在高处失去保护，事发当即从空中坠落，第一个因抢救无效死亡，说明无保护的坠落对人身的伤害是最直接的。这一血的事实应引起每一个从事高处作业人员的高度重视和反思。

第四节　混凝土电杆作业坠落事故

某日 14 时许，某供电所在 0.4kV 农网改造施工过程中，发生一起高处坠落事故，死亡 1 人。

一、事故情况

某供电所计划对 0.4kV 农网某台区进行改造。当日的工作任务是组织 5 名工作人员进行线路的放线、紧线工作。14 时许，工作负责人用脚扣登 10m 耐张杆过程中，在离地面约 6m 处系安全带时双手离开电杆而脱手，坠落地面，背部、头部着地。工作负责人因伤势严重，经抢救无效死亡。

二、整改措施

因施工引发高处坠落造成人身伤亡事故，这一血的教训又一次敲响了安全作业的警钟。供电所积极制订整改计划，落实整改措施，引以为戒，吸取教训。

（1）组织作业人员认真学习电力安全工作规程，分析事故原因，从思想上对高处作业的危险性提高认识。

（2）结合实际工作特点，开展登杆、立杆作业的应知应会培训，提高作业人员的工作技能和安全素质。

（3）进一步强化全员安全意识和自我保护意识，重视高处作业的安全措施和操作规范，严禁违章冒险作业，并应举一反三，杜绝事故的再次发生。

第五节　高处坠落事故引发的思考

某公司系统统计了上半年在工程建设、技改项目等发生的多起施工作业人员高处坠落事故，如3月8日某变电站更换35kV支柱绝缘子时，突然断裂，1人从高处坠落受伤；3月10日某电厂烟道改造时，1人高处坠落受伤；5月10日某变电站外220kV输电线路高塔作业时，1人高处坠落死亡；5月14日某电厂烟囱外壁清洁时，2人高处坠落受伤；5月15日某电厂煤斗加工场电梯井框架拼装时，1人高处坠落，经抢救无效死亡。

一、几起事故原因分析

上述连续不断的事故虽然发生的时间、地点和作业人员不同，但事故的原因却是惊人的相似，主要有以下几方面：

（1）部分施工人员安全意识淡薄、自我保护能力差，在高处移动过程中未能采取有效的保护措施，冒险蛮干，以至失手从高处坠落导致受伤甚至死亡，是导致事故的直接原因。

（2）部分施工单位在安全管理上存在漏洞，对员工安全意识、自我保护能力和操作技能教育培训不够，未能有效杜绝严重违章行为，是导致事故的主要原因。

（3）个别施工单位对分包单位的安全监管不严，以包代管现象严重，而分包单位普遍存在施工人员安全素质不高、缺乏必要的安全教育培训、现场安全投入不够、安全工器具老化、现场安全监护力度不够等隐患，未能及时发现并制止现场的违章行为，是导致事故的间接原因。

二、防范措施和对策

为彻底遏制高处坠落事故的再次发生，提高施工现场的安全管理水平，应从以下几方面着手解决。

（1）认真组织有关部门、班组（包括外来施工队伍）学习《防止人身伤亡事故十项重点措施》中的“防止高空坠落措施”，做到认识到位、组织到位、措施到位、执行到位、监督到位，杜绝高处坠落人身伤亡事故的发生。

（2）进一步加强生产场所、施工现场的安全监管工作，加强高处作业现场安全监督和管理。

1）加强员工（包括外包人员）的安全责任、安全意识、安全知识、安全技能的教育，提高自我保护意识和能力，克服麻痹大意思想。

2）建立健全施工作业规范化、程序化工作流程，作业班组在布置工作任务的同时必须布置好安全工作，提出危险点、触发因素及防范措施，明确预防和控制手段，杜绝习惯性违章。

3）及时检查工作期间的安全情况，及时提醒、纠正不安全行为，确保各项安全措施不折不扣地落实。

4）加大对员工在安全规程、制度执行上的监管和处罚力度，对不按规定执行的，发现一宗处理一宗，决不手软。

（3）正确使用安全工器具，做好相关防护措施。

1）教育作业人员深刻吸取血的教训，在上、下杆塔或水平转移作业位置时，必须采用双保险、全方位、防冲击安全带或水平安全绳及临时扶手措施，在高处作业垂直转移全过程中应使用速差自控器或安全自锁器、防坠落装置等。由于安全工器具不足或使用安全工器具不当引发事故的，在追究责任人违章责任的同时，要追究管理责任。

2）及时发现并消除存在的安全隐患，主要包括作业环境（如孔洞、光线不足、附近有带电体）、着装（如穿硬底、易滑的鞋）、工器具（如安全带、起重工具不完整）、杆塔（如拉线被盗、杆基断裂）等问题。

3）各级人员要在“预防为主”上下功夫，落实责任，层层把关，防止安全隐患转化为意外事故，避免危险辨识、风险控制等安全预控方面流于形式。

（4）专题研究解决目前存在的登高防坠落问题，改进和提高安全保护措施。应对安全工器具做好定期试验，对不满足安全性能及技术指标的工器具停止使用，违章必究。

（5）对从事高处作业的人员要严格把关，每年应进行一次体检，患有不宜从事高处作业病症的人员，绝不允许参加高处作业。

（6）必须加强对工程分包、劳务分包单位的现场施工管理，特别要加强对现场施工人员的安全技能教育和监督，注意提高其自我保护能力和意识。

（7）高处作业实施持证上岗，作业人员应经过有关主管部门培训并取得证书后，方可上岗操作。

高处坠落事故频发，高处作业潜在的危险性不容置疑，如何进行高处作业的安全防护，是摆在每一位高处作业人员面前的一项重要而迫切的课题。

第三章

高处作业基本防护器材应用及检验要求

要有效地预防高处作业的坠落事故，应充分利用和发挥高处作业的基本防护器材的作用。高处作业的基本防护器材至少应包括安全帽、安全带、保护绳、连接器、缓冲器和防坠器等。

单独使用高处作业的基本防护器材将不能对高处作业人员提供有效的防护。只有将高处作业的基本防护器材很好地组合在一起，使其形成一套完整的个人坠落防护系统，即把高处作业人员与固定挂点连接起来所必需的整套器材，才能对高处作业的安全防护措施起到积极而有效作用，从而较好地防止或制止作业人员从高处坠落情况的发生。

本章将重点介绍安全帽、安全带、保护绳、连接器、缓冲器和防坠器等高处作业的基本防护器材的应用技术及检验要求。

第一节　头部防护应用技术及检验要求

古时候人们劳作时，为防止头部被撞，常常用布条在头部缠卷起一缓冲圈，这可能是安全帽的最初稚型，如图 3–1 所示。现代工

图 3–1　头部缠卷布条——安全帽的最初稚型

业安全帽的前身如图 3–2 所示。

图 3–2　现代工业安全帽的前身——士兵头盔

一、安全帽分类

安全帽按帽壳制造材料可分为塑料安全帽、玻璃钢安全帽、橡胶安全帽、植物枝条编织安全帽、铝合金安全帽和纸胶安全帽等。

安全帽按帽壳的外部形状可分为单顶筋、双顶筋、多顶筋、“V”字顶筋、“米”字顶筋、无顶筋和钢盔式等多种形式。

安全帽按帽檐尺寸可分为小檐、中檐、大檐和卷檐安全帽，其帽檐尺寸分别为 0～30mm、30～50mm 以及 50～70mm。

安全帽按作业场所可分为一般作业类和特殊作业类安全帽。一般作业类安全帽用于具有一般冲击伤害的作业场所，如杆塔组立、高层建筑及造船业等现场；特殊作业类安全帽用于有特殊防护要求的作业场所，如低温、带电、有火源等场所。

二、安全帽结构及材料

安全帽是对作业人员头部受坠落物冲击、受侧向撞击及其他因素引起的伤害起防护作用的工作用帽。其主要由帽壳、帽衬、下颌带及附件组成，如图 3–3 所示。

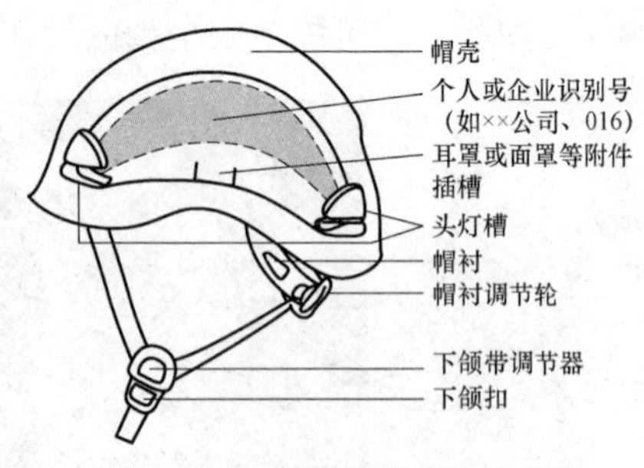

图 3–3　安全帽主要部件示意图

1. 帽壳

帽壳是安全帽外表面的组成部分，由帽舌、帽檐和顶筋组成，如图 3–4 所示。

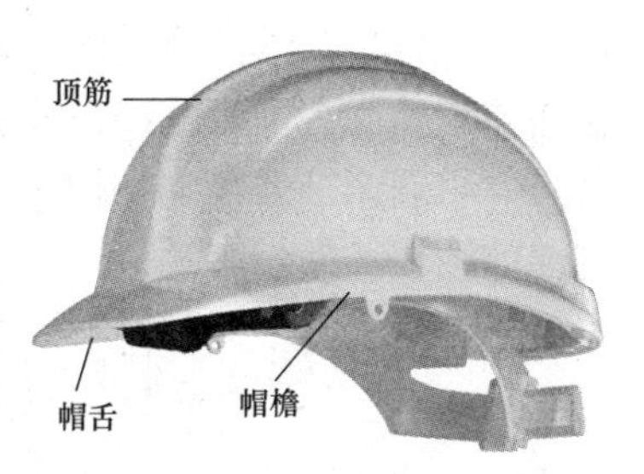

图 3–4 帽壳主要部分示意图

（1）帽壳各部分结构性能。帽舌是指帽壳前部伸出的部分；帽檐指在帽壳上除帽舌以外帽壳周围其他伸出的部分；顶筋主要是指增强帽壳顶部强度的结构；部分安全帽在帽壳上还设置有通气孔。

（2）帽壳材质。帽壳可选用 HDPE（低压聚乙烯）、ABS（工程塑料）和玻璃钢等材质。

1）HDPE（低压聚乙烯）。HDPE（低压聚乙烯）具有综合性能好、性价比高等特点，适合于一般作业场所使用。

2）ABS（工程塑料）。ABS（工程塑料）一般在高档安全帽中使用，具有强度高、抗老化、耐腐蚀等特点，制作安全帽外形漂亮美观，性能优良。

3）玻璃钢。玻璃钢具有刚性强、耐高温、耐腐蚀等特点，适合于特殊作业场所使用。

2. 帽衬

帽衬是帽壳内部部件的总称，主要由帽箍、吸汗带、缓冲垫、衬带和调节器组成，如图 3–5 所示。

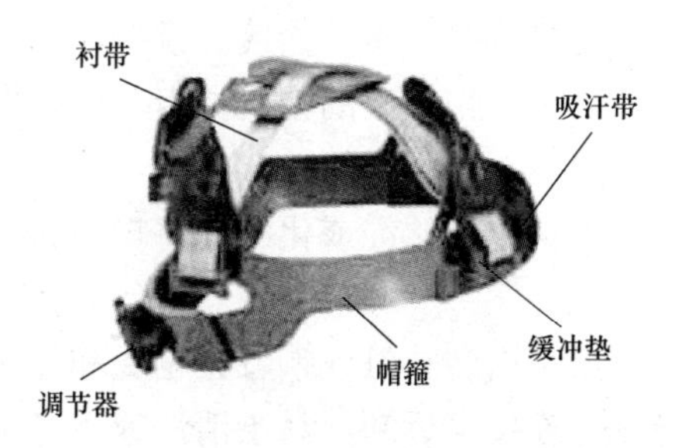

图 3–5 帽衬主要部件示意图

（1）帽衬各部件结构性能。帽箍是绕头围起固定作用的带圈（包括调节器）；吸汗带是附加在帽箍上的吸汗材料；缓冲垫是设置在帽箍和帽壳之间吸收冲击能量的部件；衬带是与头顶直接接触的带子；带圈调节器可调整帽箍与佩戴人员头部之间的贴紧度、舒适度，如图 3–6 所示。

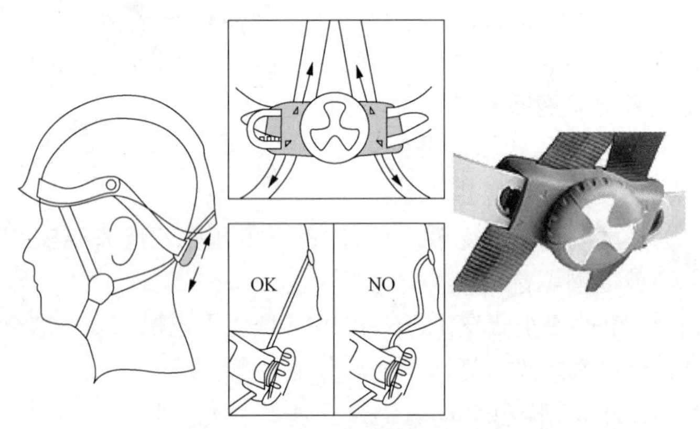

图 3–6　带圈调节器使用示意图

（2）帽衬材料。帽衬可选用塑料衬或化纤棉织带衬等材料。

1）塑料衬。塑料衬全部用塑料注塑成型，具有佩戴稳定性好、调节方便等特点，但舒适性较差。

2）化纤棉织带衬。化纤棉织带衬综合了塑料衬和棉织带衬的优点，具有戴用舒适、稳定性好、调节方便等特点。

3. 帽壳与帽衬的连接方式

帽壳与帽衬的连接包括插接、拴接、铆接等方式。

（1）插接。插接是将帽衬上的塑料挂卡，插入帽壳插座内形成紧密配合的连接方式。

（2）拴接。拴接是用棉质绳或化纤绳将帽壳和帽衬拴绳连接为一体的连接方式。

（3）铆接。铆接是用塑料钉或铆钉将帽壳和帽衬连接为一体的方式，一般用塑料钉连接可拆卸，易于清洗或更换帽衬，而且有良好的绝缘性能。

4. 下颌带

下颌带是指在人的下颌上起辅助固定作用的带子，由系带、下颌带调节器、下颌扣组成，如图 3–7 所示。

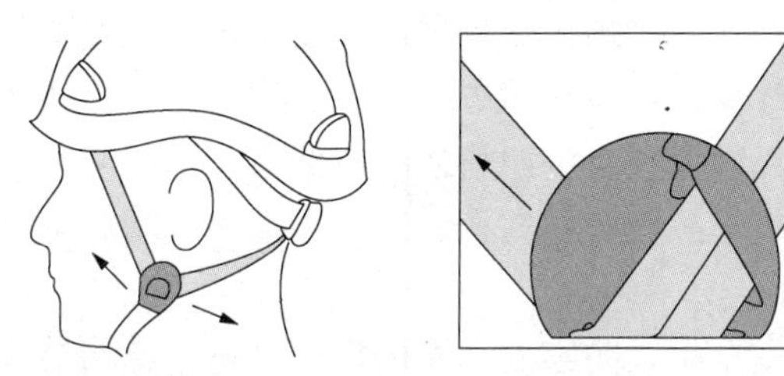

图 3–7　下颌带使用示意图

下颌带直接与人体的下颌接触，因此必须采用软质纺织物如棉织或化纤带（绳），且是宽度不小于 10mm 的带或直径不小于 5mm 的绳。高品质的安全帽往往会在下颌带中配置下颌托，增加佩戴者的舒适度；下颌带调节器可调节系带与下颌间的扣紧度；利用下颌扣锁紧下颌带，可降低安全帽意外松脱的危险。

5. 安全帽附件

安全帽附件一般包括眼面部防护装置、耳部防护装置、主动降温装置、电感应装置、颈部防护装置、照明装置、警示标志等，其中较为常用的是耳罩、面罩及头灯等专业作业用附件，如图 3–8 所示。

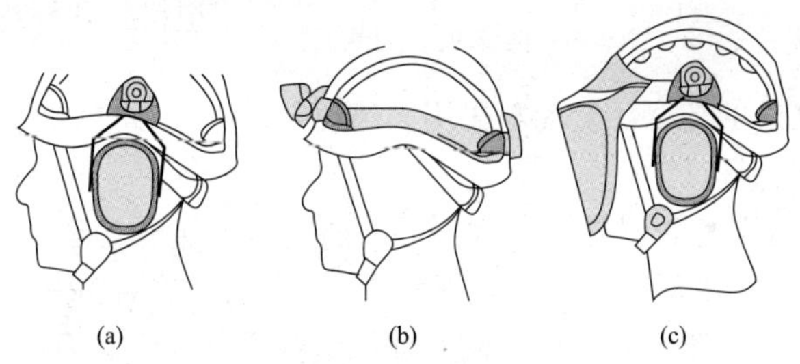

(a)　(b)　(c)

图 3–8　安全帽常用附件示意图

（a）耳罩；（b）头灯；（c）面罩

6. 其他说明

电力高处作业有室内进行的，但更多的是户外、野外环境下的作业。当作业人员佩戴安全帽时，应充分考虑由于工作环境、劳动强度、气象条件及被保护的严密程度等给佩戴者带来的不适。春秋季可使用无孔通用型安全帽，夏季应考虑散热等情况选择使用有通气孔安全帽，冬季应选择佩戴防寒安全帽。

（1）有通气孔安全帽。安全帽通气孔的设置应使空气尽可能对流，一般使空气从安全帽底部边缘进入，从安全帽上部 1/3 位置处开孔排出。帽壳同帽衬或缓冲垫之间应保留一定的空间，使空气可以流通，缓冲垫不应遮盖通气孔。部分高端安全帽有可以调节、启闭通气孔的措施。

（2）防寒安全帽。防寒安全帽的帽壳、帽衬、帽箍等部件的用料与通用安全帽相仿，防寒部分的面料一般用棉织品、化纤制品等；帽衬里可用绒布、羊剪绒、长毛绒等。目前较实用的方法是先在头上戴防寒头套再佩戴通用的安全帽，如图 3–9 所示。

图 3–9　防寒头套加戴安全帽示意图

高品质的防寒头套面料采用防风材料，如 GORE–TEX 面料。其有如下特征：

1）防水。布料是由两种不同物质制成的独特构造，其中一种物质是 e–PTFE 薄膜，具有防水功能，在 $1cm^2$ 的 GORE–TEX 薄膜上有几十亿个微细孔，而一滴水珠比这些微细孔大 2 万倍，水无法穿过，在狂风暴雨（雪）下仍可抵抗雨（雪）的进入，能做到 99% 防水。

2）透气。每个微细孔又比人体的汗气分子大 700 倍，汗气可以从容穿过布料。

3）防风。由于每 $1cm^2$ 上的几十亿个微细孔不规则排列，使

GORE–TEX 面料可以阻挡冷风的侵入。

有研究表明，在光线充足的情况下，安全帽的醒目程度由高到低的排序为：黄色—白色—红色—粉红色—银色—黑色—深蓝色；在光线不足的情况下，安全帽的醒目程度由高到低的排序为：黄色—白色—粉红色—银色—红色—深蓝色—黑色。其中黄色、白色最醒目，黑色和深蓝色最不醒目。高处作业时，考虑到安全帽应与天空色彩保持一定的反差，作业者不宜选择浅色的安全帽，宜以黄色或红色为最佳选择。

许多单位有以颜色区分岗位职务的做法，编者在此恳请企业管理层记住：应根据本单位员工具体工作环境制订颜色方案，请将最佳颜色留给高处作业的员工。

特别需注意的是：若有分层作业区，下部作业人员应尽可能选择佩戴全檐或大后檐安全帽，防止物体坠落时撞击颈部，如图 3–10 所示。

图 3–10　全檐或大后檐安全帽示意图

因此，最好给到作业现场来参观、检查、指导或慰问的人员配置、佩戴全檐或大后檐安全帽。

三、安全帽技术要求

高处作业时，当物体坠落在头部或人体意外坠落时头部撞击在杆塔等物体上，头部将遭受严重受伤的可能。因此，正确佩戴安全帽，可以减轻头部可能遭重创的危险。

安全帽的防护作用在于：当作业人员头部受到冲击时，利用安全帽帽壳、帽衬在瞬间先将冲击力分解到头盖骨的整个面积上，然后利用安全帽的各个部件，如帽壳、帽衬的结构、材料和所设置的缓冲结构（插口、拴绳、缝线、缓冲垫等）的弹性变形、塑性变形和允许的结构破坏将大部分冲击力吸收，使最后作用到作业人员头部的冲击力降低到 4900N 以下，从而起到保护作业人员的头部不受到伤害或降低伤害的作用。

目前，市场上仍有部分价格低廉的劣质安全帽，它们大部分是用回收的废塑料加工生产，质量极差，根本起不到对人体头部的防护作用，对广大使用者的生命安全构成了极大的威胁。如图 3–11 所示，因使用劣质安全帽，1 根差不多圆珠笔粗、长 40cm 左右钢筋从一幢五层楼房坠下，穿过 1 位在下面干活工人的安全帽，又从头部一直戳到颈根部，显然，劣质安全帽根本没有防护功能。因此，除了解安全帽的材质、结构等特点，还需掌握安全帽的技术要求，对如何正确选购、合理使用是很有必要的。

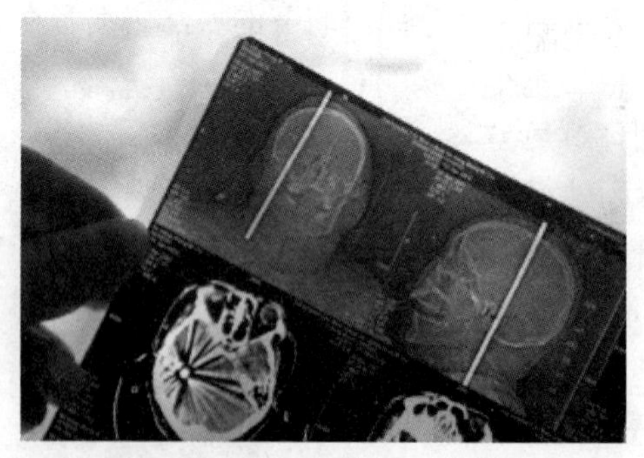

图 3–11　钢筋穿透劣质安全帽造成作业者伤害的 X 光照片

1. 一般要求

（1）安全帽的永久性标志应清晰，目前绝大多数安全帽采用在帽壳内壁上用刻蚀、模压或铭牌方式标识永久性标志。永久性标志应包括：① 采用的技术标准编号；② 制造商名称或商标；③ 生产日期（年、月）；④ 产品名称；⑤ 产品的特殊技术性能（如果有）。

安全帽生产企业应重视其产品永久性标志的标识，因为其一方面可以促进安全帽的正确使用；另一方面当发生法律纠纷时，可以免除生产企业因佩戴者使用不当而负的责任。目前，这一点尚未引起部分生产企业及使用者的重视。

（2）帽壳表面应无裂纹、无灼伤、无冲击痕迹；帽衬与帽壳连接须牢固，锁紧扣应开闭灵活、卡位牢固；帽壳与顶衬缓冲空间不得大于 50mm；各组件应完好无缺。

（3）帽箍可根据佩戴者的头围尺寸进行调整。帽箍对应前额的部位应有吸汗性织物或增加吸汗带，吸汗带宽度不应小于帽箍的宽度（必须指出的是目前市场大部分安全带的吸汗带就是一片化纤布，不仅无吸汗作用还可能造成额头的红斑与瘙痒）。

（4）安全帽及所有配件均不得使用有毒、有害或引起皮肤过敏等人体伤害的材料。材料耐老化性能不应低于产品标识明示的日期，正常使用的安全帽在使用期内不能因材料原因导致其性能低于标准要求。所有使用的材料应具有相应的预期寿命。

（5）当安全帽配有附件时，应首先保证安全帽正常佩戴时的稳定性且不影响安全帽的正常防护功能。

（6）安全帽的质量应控制在：普通安全帽不超过 430g，防寒安全帽不超过 600g（使用防寒头套时，安全帽将不超过 430g）。

安全帽的质量应严格控制，长时间佩戴质量超标的安全帽，会对支持头部的颈椎造成潜在的伤害。目前已有企业研发了复合材料的安全帽帽壳，由树脂加高强度铝合金骨架组成，其最薄处厚度仅 0.5mm，但其做到了在不削弱安全性能的前提下大大降低重量又提高了强度。

（7）帽壳内部尺寸：长为 195～250mm；宽为 170～220mm；高为 120～150mm。帽舌为 10～70mm。帽檐≤70mm。佩戴高度为 80～90mm。垂直间距［安全帽在佩戴时，头顶最高点与帽壳内表面之间的轴向距离（不包括顶筋的空间）］应不大于 50mm。水平间距（安全帽在佩戴时，帽箍与帽壳内侧之间在水平面上的径向距离）为 5～20mm。

（8）帽壳内侧与帽衬之间存在的突出物高度不得超过 6mm，突出物应有软垫覆盖。

（9）当帽壳留有通气孔时，通气孔总面积为 150～450mm^2。

2. 基本技术性能

（1）冲击吸收性能。安全帽经高温（50℃）、低温（−10℃）、浸水、紫外线照射预处理后做冲击测试，传递到头模上的力不超过 4900N，且帽壳不得有碎片脱落。

（2）耐穿刺性能。安全帽经高温（50℃）、低温（−10℃）、浸水、紫外线照射预处理后做穿刺测试，钢锥不得接触头模表面，且帽壳不得有碎片脱落。

（3）下颌带的强度。安全帽下颌带发生破坏时的力值应介于150～250N。保证佩戴者受到一定的冲击时，安全帽不致因下颌带断裂从佩戴者头部脱落。

3. 特殊技术性能

（1）防静电性能。安全帽表面电阻率不大于$1\times10^9\Omega\cdot m$，确保安全帽能适用于对静电高度敏感、可能发生引爆燃的危险场所（包括发电厂的油仓、煤粉场及可燃气体储存场所等）。

（2）电绝缘性能。安全帽泄漏电流不超过1.2mA。适用于可能接触400V以下三相交流电的作业场所。

（3）侧向刚性。安全帽侧向承受430N垂直载荷，保持30s，安全帽最大变形不超过40mm，残余变形不超过15mm，帽壳不得有碎片脱落。保障佩戴者能在可能发生侧向挤压、碰撞的场所（包括可能发生塌方、滑坡的场所；存在可预见的翻倒物体；可能发生速度较低的冲撞场所）作业。

（4）阻燃性能。安全帽续燃时间不超过5s，帽壳不得烧穿。确保佩戴者能在短暂接触火焰、短时局部接触高温物体或曝露于高温的场所使用。

（5）耐低温性能。安全帽经低温（–20℃）预处理后做冲击测试，冲击力值应不超过4900N，帽壳不得有碎片脱落；安全帽经低温（–20℃）预处理后做穿刺测试，钢锥不得接触头模表面，帽壳不得有碎片脱落。确保安全帽在配套保温附件后，能适用于头部需要保温且环境温度不低于–20℃的工作场所。

（6）耐受电压性能。带电作业用绝缘安全帽，当承受20kV • 1min的耐压试验时，安全帽应无闪络、无发热、无击穿现象。

四、安全帽主要性能试验

安全帽质量的优劣，可通过试验进行考核。在各种不同的试验项目和试验要求中，安全帽的被测样品需进行不同的预处理。

1. 预处理

被测样品应在测试室放置 3h 以上，然后分别按照下面的规定进行预处理。

（1）主要设备。预处理的主要设备包括烘箱、冷冻箱、紫外线照射箱和水槽。

1）烘箱。烘箱的最高温度应能达到 70℃，试验时能在（50±2）℃范围内可控制，箱内温度应均匀，温度的调节可以准确到 1℃；应保证安全帽不接触箱体内壁。

2）冷冻箱。冷冻箱的最低温度应能达到–30℃，试验时能在（–10±2）℃、（–20±2）℃范围内可控制，箱内温度应均匀，温度的调节可以准确到 1℃；应保证安全帽不接触箱体内壁。

3）紫外线照射箱。紫外线照射箱的箱内应有足够的空间，保证安全帽被摆放在均匀辐照区域内，并保证安全帽不触及箱体的内壁。可采用紫外线照射（A 法）和氙灯照射（B 法）两种方法。

a. 紫外线照射（A 法）。应保证帽顶最高点至灯泡距离为（150±5）mm；正常工作时箱内温度不超过 60℃，灯泡为 450W 的短脉冲高压氙气灯，一般选用的型号为 XBO–450W/4 或 CSX–450W/4。

b. 氙灯照射（B 法）。氙灯波长在 280～800nm 范围内；黑板温度为（70±3）℃；相对湿度为（50±5）%；喷水或喷雾周期为每隔 102min 喷水 18min。

4）水槽。水槽应有足够体积使安全帽完全浸没在水中，应保证水温在（20±2）℃范围内可控制。

（2）冲击吸收性能和耐穿刺性能测试预处理条件包括调温处理、紫外线照射预处理和浸水处理。

1）调温处理。安全帽应分别在（50±2）℃的烘箱、（–10±2）℃或（–20±2）℃的冷冻箱中放置 3h。

2）紫外线照射预处理。紫外线照射预处理应优先采用 A 法，当用户要求或有其他必要时可采用 B 法。采用紫外线照射（A 法）时，安全帽应在紫外线照射箱中照射（400±4）h，取出后在实验室环境中放置 4h。采用氙灯照射（B 法）时，累计接受波长为 280～800nm 范围内的辐射能量为 1GJ/m^2，试验周期不少于 4 天。

3）浸水处理。安全帽应在温度为（20±2）℃的新鲜自来水槽里完全浸泡3h。

（3）电绝缘性能测试预处理条件为浸氯化钠溶液处理。安全帽应在温度为（20±2）℃、浓度为3g/L的氯化钠溶液的水槽里完全浸泡24h。

2. 试验程序

试验应先做无损伤检测，后做破坏性检验。对于同一顶安全帽应按照图3–12所示次序进行试验。

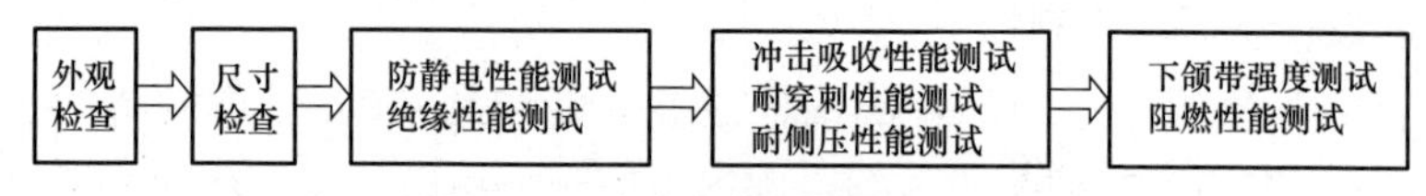

图3–12　安全帽试验程序示意图

3. 试验环境

试验室环境应为（20±2）℃，相对湿度为（50±20）%，安全帽应在脱离预处理环境30s内完成测试。

4. 主要试验项目

安全帽的主要试验项目包括冲击吸收性能测试、耐穿刺性能测试、电绝缘性能测试和带电作业用绝缘安全帽工频耐压试验等。

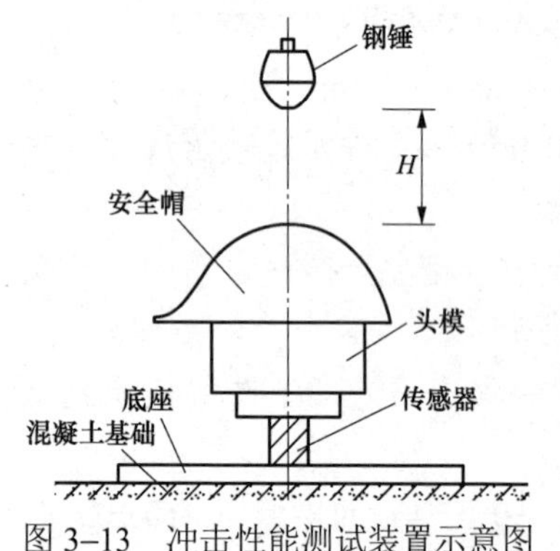

图3–13　冲击性能测试装置示意图

（1）冲击吸收性能测试。根据安全帽的佩戴高度选择合适的头模，将预处理后的安全帽正常佩戴在头模上，并保证帽箍与头模的接触为自然佩戴状态且稳定；调整落锤（5kg）的轴线同传感器的轴线重合；调整落锤的高度为（1000±5）mm；对安全帽进行测试，记录冲击力值，准确到1N。传递到头模上的力不超过4900N，帽壳无碎片脱落，则试验通过，冲击性能测试装置示意图见图3–13。

（2）耐穿刺性能测试。根据安全帽的佩戴高度选择合适的头模；将预处理后的安全帽正常佩戴在头模上，并保证帽箍与头模的接触为自然佩戴状态且稳定；调整穿刺锥（3kg）的轴线使其穿过安全帽帽顶中心直径 100mm 范围内结构最薄弱处；调整穿刺锥尖至帽顶接触点的高度为（1000±5）mm；对安全帽进行测试，若穿刺锥接触头模顶部，通电装置立刻蜂鸣，记录穿刺结果。钢锥不接触头模表面，观察安全帽的破坏情况，帽壳无碎片脱落，则试验通过，耐穿刺性能测试装置示意图见图 3–14。

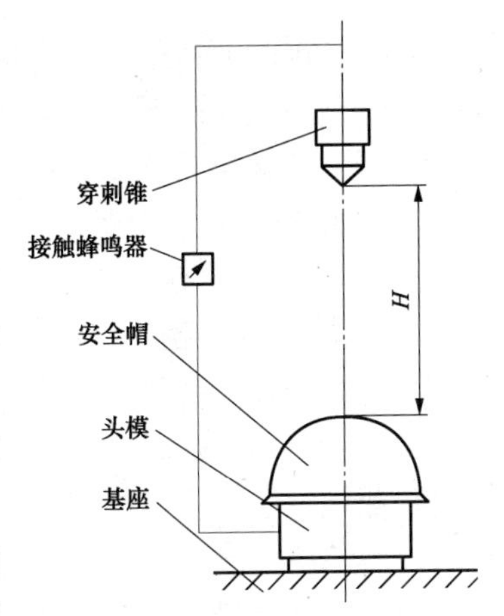

图 3–14　耐穿刺性能测试装置示意图

（3）电绝缘性能测试。电绝缘性能测试为普通绝缘安全帽的交流泄漏电流试验，将预处理后的安全帽，从水中取出后，应在 2min 内将安全帽表面擦干。

测试方法如下：

1）测试方法 1。将安全帽放在头模上，头箍锁紧；将探头接触安全帽外表面的任意一处，探头直径 4mm，顶端为半球形；在头模和探头之间施加交流测试电压，调整测试电压在 1min 内将电压增加至（1200±25）V，保持 15s；重复进行测试，每顶安全帽测试 10 个点。记录泄漏电流的大小及可能的击穿现象。

2）测试方法 2。试验布置见图 3–15。将安全帽倒放在试验水槽中，在水槽和帽壳中注入 3g/L 的氯化钠溶液，直至溶液面距帽壳边缘 10mm 为止。将电极分别放入帽壳内外的溶液中，调整测试电压在 1min 内增加至（1200±25）V，保持 15s。记录泄漏电流的大小及可能的击穿现象。

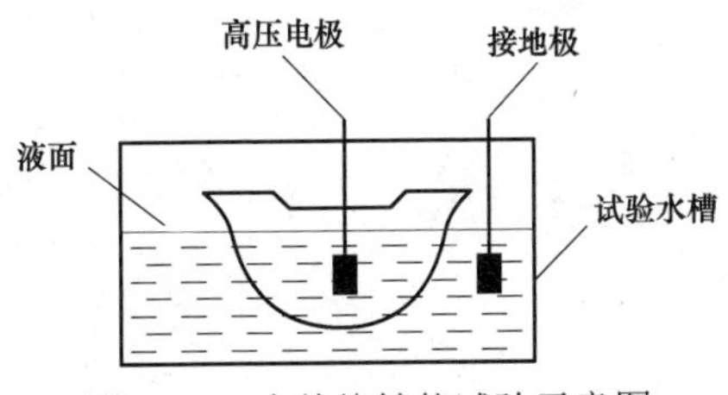

图 3–15　电绝缘性能试验示意图

3）测试方法3。用两个探头接触安全帽外表面上任意两点并施加电压，两点间的距离不小于20mm。探头直径4mm，顶端为半球形；调整测试电压在 1min 内将电压增加至（1200±25）V，保持15s；测量安全帽表面两点间的泄漏电流，重复进行测试，每顶安全帽测试10个点。记录泄漏电流的大小及可能的击穿现象。

应优先采用测试方法2和测试方法3测量，两种测试方法检测结果同时合格为合格（泄漏电流不超过1.2mA）。如果安全帽有通气孔、金属零件贯穿帽壳等情况时采用测试方法1和测试方法3测量。两种测试方法检测结果同时合格为合格。

（4）带电作业用绝缘安全帽工频耐压试验。试验布置同图3–15，将氯化钠溶液替换成水。将试验变压器的两端分别接到水槽内和帽壳内的水中，试验电压应从较低值开始上升，并以大约1000V/s的速度逐渐升压至20kV，保持1min。试验中安全帽无闪络、无发热、无击穿为合格。

五、安全帽性能图解

图3–16所示为国际通用的安全帽技术要点图示。

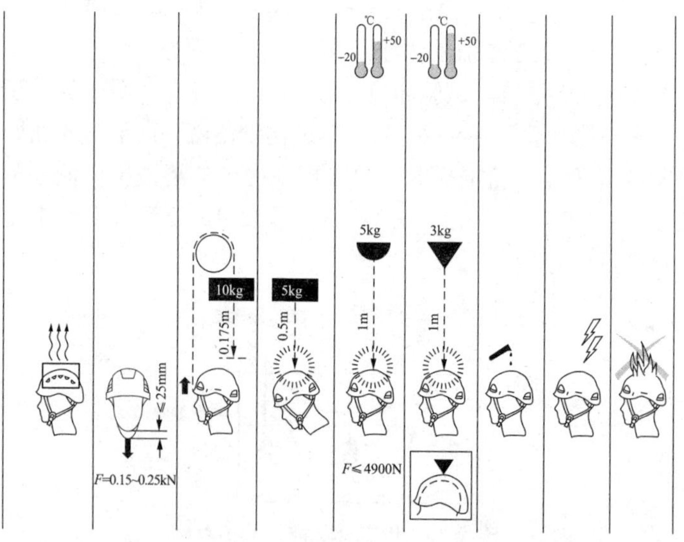

图3–16　国际通用的安全帽技术要点示意图

图 3–17 所示为国际通用的安全帽技术要点解答图示。

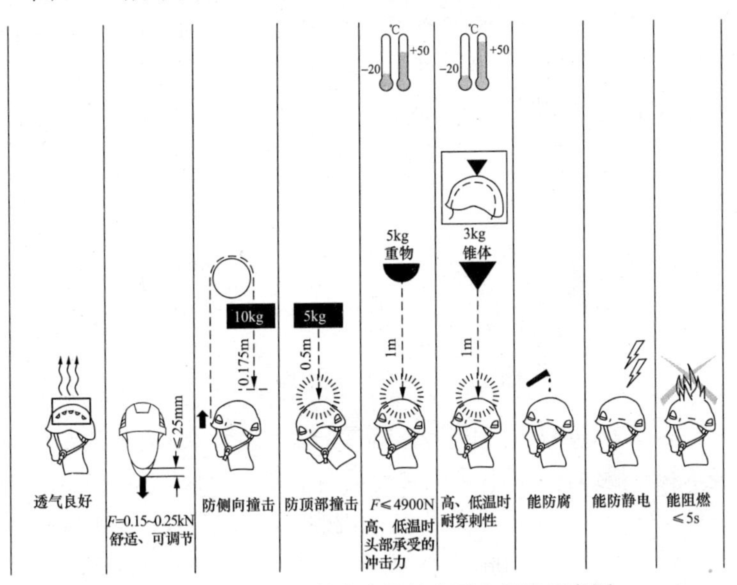

图 3–17　国际通用的安全帽技术要点解答示意图

六、安全帽使用与维护

每一个作业人员必须学会正确使用安全帽，如果佩戴和使用不正确，就不能起到充分的防护作用。使用安全帽应注意以下几点。

（1）安全帽必须戴正，不要把安全帽歪戴在脑后。否则，会降低安全帽对于冲击的防护作用，如图 3–18 所示。

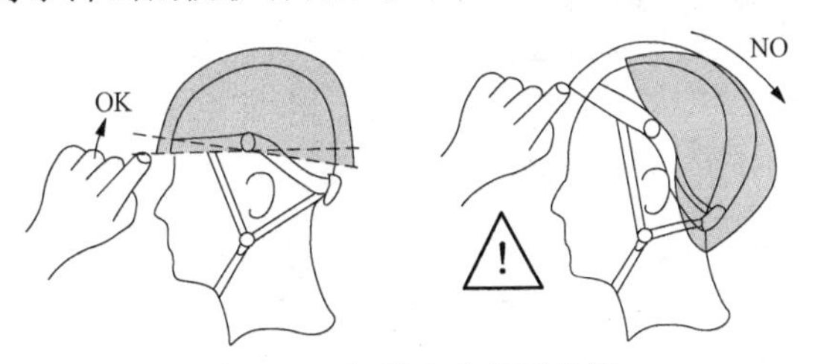

图 3–18　佩戴安全帽示意图

（2）使用时，要把安全帽下颌带系结实，否则就可能在作业人员或物体坠落时，由于安全帽掉落而起不到防护作用。另外，如果安全帽下颌带未系牢，即使帽壳与头顶之间有足够的空间，也不能充分发挥防护作用，而且当头前后摆动时，安全帽容易脱落，下颌带系结实的示意如图 3–19 所示。

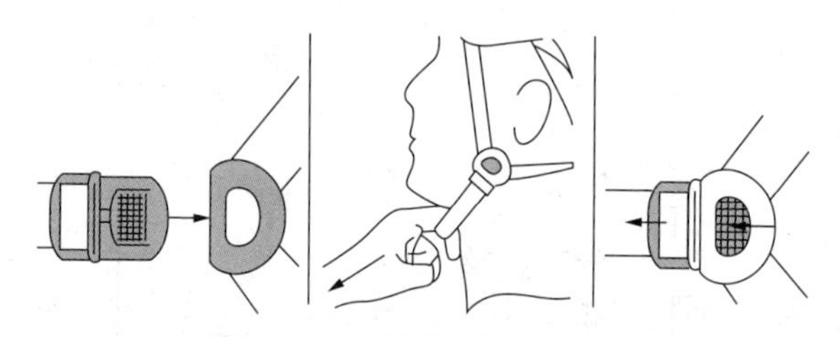

图 3–19　下颌带系结实示意图

许多施工场所从进大门开始就有无数“进入现场必须戴安全帽”的警示牌，但仍有一些作业人员违反安全规定、带来事故隐患。编者曾去参观一个工地参观，因兴奋用相机拍了一些照片，回来整理时，发现某作业人员在近 70m 的高处作业点竟未系安全帽的下颌带，如图 3–20 所示。

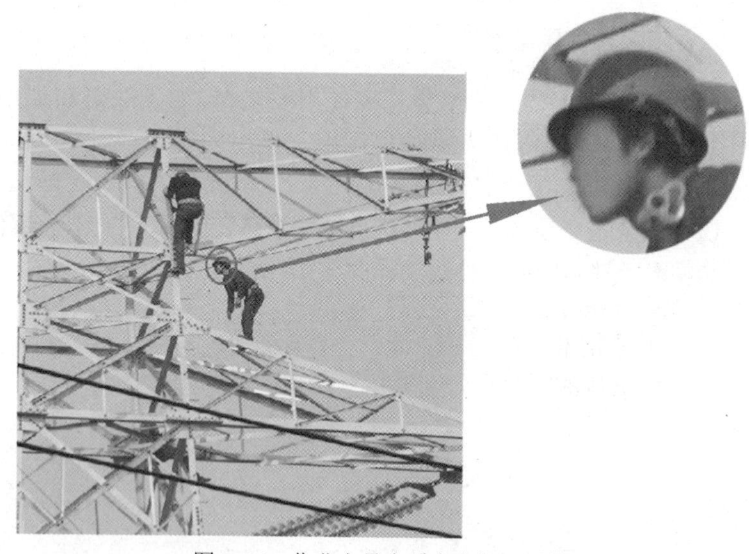

图 3–20　作业人员未系安全帽下颌带

（3）安全帽在使用过程中，一定要爱护，不要在休息时坐在上边，以免使其强度降低或损坏。

（4）使用安全帽前应仔细检查有无龟裂、下凹、裂痕和磨损等情况，千万不要使用有缺陷的帽子。另外，安全帽的材质会逐步老化变脆，必须定期检查更换。

（5）请经常检查安全帽的帽衬有无划伤，如发现损伤要及时按原规格型号更换，不得随意更换其他帽衬；使用前，请检查帽衬与帽壳的连接是否牢固，严禁光壳佩戴安全帽。

七、安全帽预防性试验要求

新购入以及到使用年限需延长使用时间的安全帽（塑料、玻璃钢）应按批抽检。试验项目为常温冲击性能试验和常温耐穿刺性能试验。

需延长使用的安全帽的样品帽应从使用条件最严酷的场所的安全帽中抽取，抽样数量为同批次总数的 2%顶（不足 1 顶按 1 顶抽取）。合格后方可继续使用，以后每年抽检一次，抽检发现有不合格者，则该批次安全帽即报废。

对普通绝缘安全帽，每年需进行 1 次交流泄漏电流试验。

对带电作业用绝缘安全帽，每 6 个月需进行 1 次工频耐压试验。

八、安全帽进货检验的要求

进货单位按批量对冲击性能、耐穿刺性能、垂直间距、佩戴高度（安全帽在佩戴时，帽箍底部至头顶最高点的轴向距离）、标识及标识中声明的特殊技术性能或相关方约定的项目进行检测，无检验能力的单位应到有资质的第三方实验室进行检验。样本大小按表 3–1 执行，检验项目必须全部合格。

表 3–1　安全帽进货检验样本数

批量范围	<500	≥500～5000	≥5000～50 000	≥50 000
样本数量	1×n	2×n	3×n	4×n

注　n 为满足规定检验项目需求的顶数。

九、温馨提醒（或忠告）

一顶合格的安全帽至少应具有如下性能：

（1）保护性。能抵御来至上方或侧向的一定能量的撞击及穿刺。

（2）舒适性。具有良好的透气性、与头部亲和性及可调节性。

（3）理化性。能抗酸碱、抗静电和防火。

温馨提醒：

编者团队曾对安全帽做过详尽的试验研究，一顶能符合技术标准要求的安全帽是需要一定成本的，一顶合格安全帽作用是减轻（记住是减轻！）伤害；显然，劣质或过期安全帽的防护功能更弱。

远离售价低于 RMB25.0 的安全帽！远离生产日期超过 30 个月的安全帽！

忠告：

当你检查安全帽时，请记住首要原则：检查，检查，再检查！如果对手中安全帽的可靠性有任何疑问，就应毫不犹豫、坚决彻底地扔掉它。

第二节　安全带应用技术及检验要求

古时候人们的高处作业，以登山采药最为典型，当时没有安全带，攀登过程一般凭借个人的胆量和技能进行；到达目标区域开始作业前，攀爬者往往是将绳子的一头系在腰间，另一头系住大树或套入凸出的岩石上；作业完成后，卸除绳子的保护，下撤或再移向另一个目标区域作业。这种保护方式一直延续了数千年，属典型的移动过程无保护、作业过程有保护的情况，许多人正是在这种攀登移动过程中失事的。另外，这种系绳法会增加人体腰部肋骨的受力，且随受力的增加而产生剧烈的压迫疼痛感；如果作业时一旦失足发生了冲坠，攀登者将会因为腰部受到巨大拉力而失去知觉甚至死亡。

近代设计出的安全带始终围绕着两个原则：承受冲坠力和分散拉力。

安全带定义（见 GB 6095—2009《安全带》）：防止高处作业人员发生坠落或发生坠落后将作业人员安全悬挂的个体防护装备。

安全带是预防高处作业人员坠落伤亡最有效的防护用品，适用在围杆、悬挂、攀登等高处作业用。如对登杆作业的人员，只有在系好安全带后，两只手才能同时进行作业，否则工作既不方便，危险性又很大，可能发生坠落事故。

一、安全带分类与性能

高处作业用安全带一般分为三类，即围杆作业安全带、区域限制安全带、坠落悬挂安全带。

（一）围杆作业安全带

GB 6095—2009 中 3.2 对围杆作业安全带的定义：通过围绕在固定构造物上的绳或带将人体绑定在固定构造物附近，使作业人员的双手可以进行其他操作的安全带，典型的围杆作业安全带及围杆绳如图 3–21 所示。

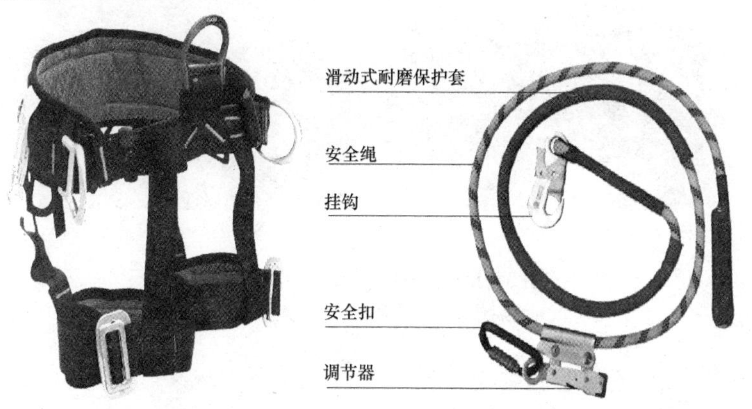

图 3–21　围杆作业安全带及围杆绳

（二）区域限制安全带

GB 6095—2009 中 3.3 对区域限制安全带的定义：用以限制作

业人员的活动范围，避免其到达可能发现坠落区域的安全带。典型区域限制安全带及应用示意如图 3–22、图 3–23 所示。

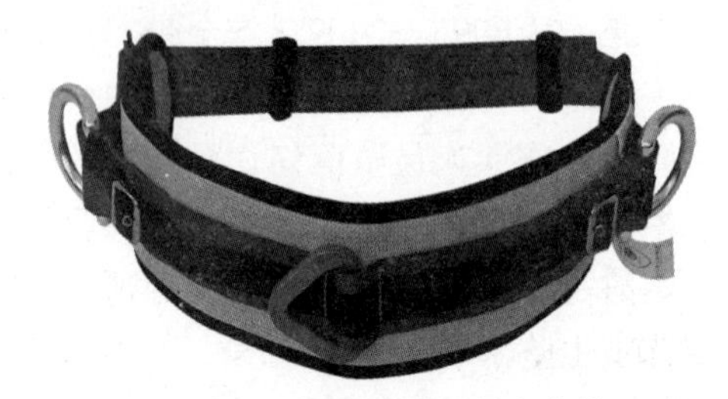

图 3–22　典型区域限制安全带

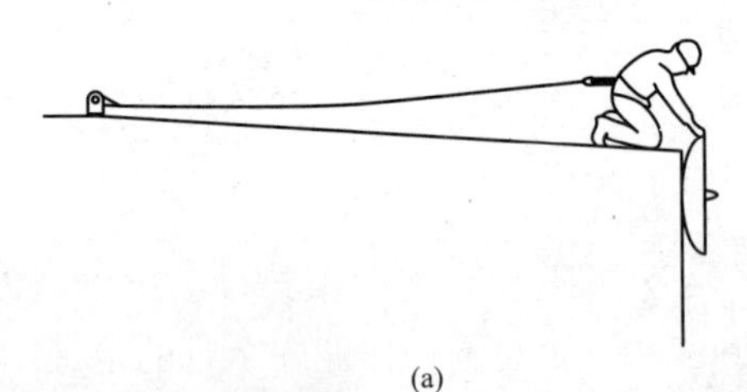

(a)

(b)

图 3–23　区域限制安全带应用示意

（a）作业人员的防护；（b）儿童的防护

（三）坠落悬挂安全带

电力工程高处作业用坠落悬挂安全带，在电力安全工作规程中明确为全身式安全带，一般可分简易型全身式安全带、标准型全身式安全带和坐型全身式安全带等。

1. 简易型全身式安全带

以下主要介绍简易型全身式安全带的结构、关键点静负荷和穿戴要求。

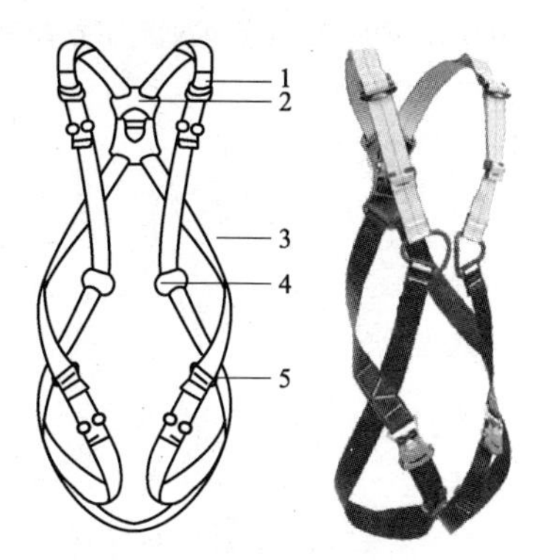

图 3–24 简易型全身式安全带

1—肩部调节扣；2—背部悬挂环；3—带体；4—前胸系环；5—腿部调节扣

（1）简易型全身式安全带的结构，如图 3–24 所示，主要由带体、背部悬挂环、前胸系环、肩部调节扣和腿部调节扣等部件组成。

1）带体。带体主要原材料为尼龙、聚酯纤维或蚕丝料。带体的强度直接影响佩戴者的安全，带体的柔软度直接影响佩戴者的舒适性，高品质安全带的带体应柔韧相兼。

2）背部悬挂环。背部悬挂环安置在安全带背面，处于人体的肩胛骨之间；背部悬挂环一般呈 D 形或圆形，主要用于悬挂坠落防护装备，如图 3–25 所示。

a. 背部悬挂环制作工艺。背部悬挂环通常用普通碳素结构钢板（Q235）冷冲压成型、倒角修边、酸洗电镀；合格的背部悬挂环成品其边缘应呈圆弧形，表面的防锈镀层应光洁、无麻点和裂纹；高品质的背部悬挂环用高强度铝合金整锻成型，手感圆润、质量轻、强度高，若进行阳极氧化可使其表面呈红、蓝、绿、金黄、银白等色彩。

b. 背部悬挂环主要质量问题。冷冲压成型的背部悬挂环往往因未进行倒角修边处理，造成其成品有锋利的边缘，极易磨损安全带的编织带体，在受力状态甚至切断带体，造成断带事故。

c. 背部悬挂环检验方法。首先，用裸手沿背部悬挂环边缘摸一圈，应无锋利的边缘和毛刺等扎刺裸手的缺陷；其次，背部悬挂环应能承受的破坏载荷为 11.767kN，高品质的背部悬挂环破坏载荷不小于 15kN。

3）前胸系环。前胸系环安置在安全带正面两侧，处于人体的胸前。前胸系环一般通过 D 形安全扣连接佩戴者胸前安全带并用于悬挂坠落防护装备或作为援救时的定位环，如图 3–26 所示。

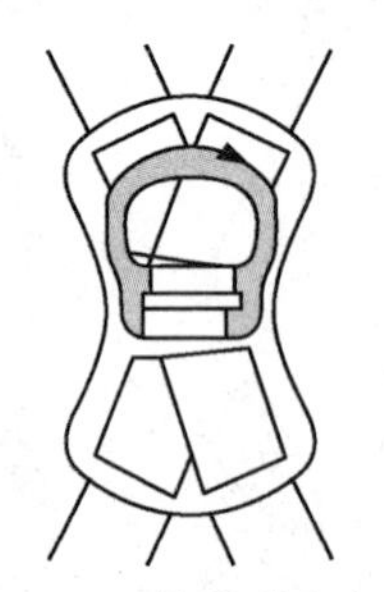

图 3–25　简易型全身式安全带背部悬挂环

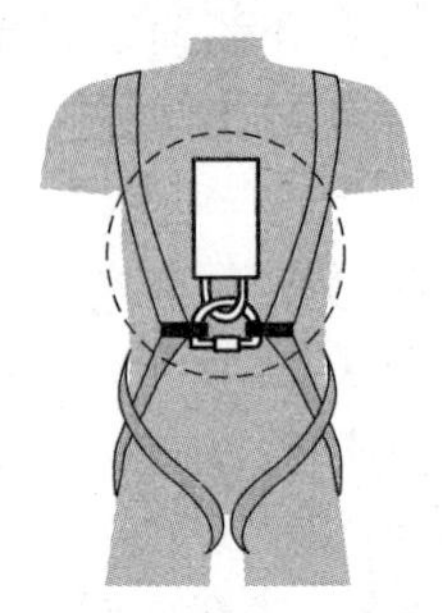

图 3–26　简易型全身式安全带前胸系环连接示意图

高品质的前胸系环是软质的，其充分考虑到硬质系环可能对佩戴者胸部的伤害，选用内衬高强度软钢丝的尼龙、聚酯纤维带制作前胸系环，如图 3–27 所示。

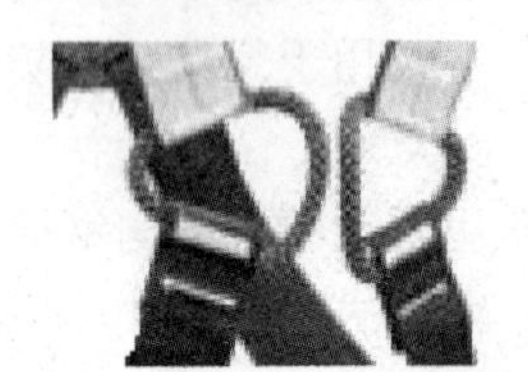

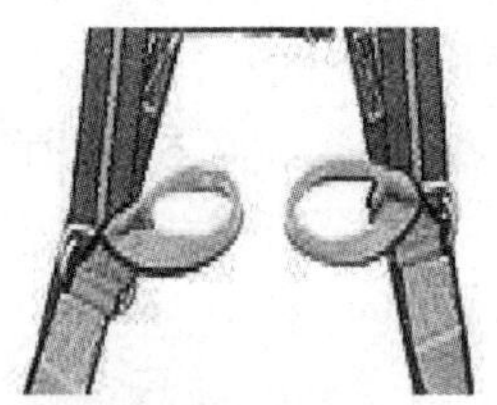

图 3–27　高品质的全身式安全带前胸系环式样图

4）肩部调节扣。肩部调节扣用于调整肩带的松紧，一般采用扣环式，其结构及使用如图 3–28 所示，使安全带能适合佩戴者的体形，确保佩戴者能舒适的开展作业活动，肩带调节示意如图 3–29 所示。

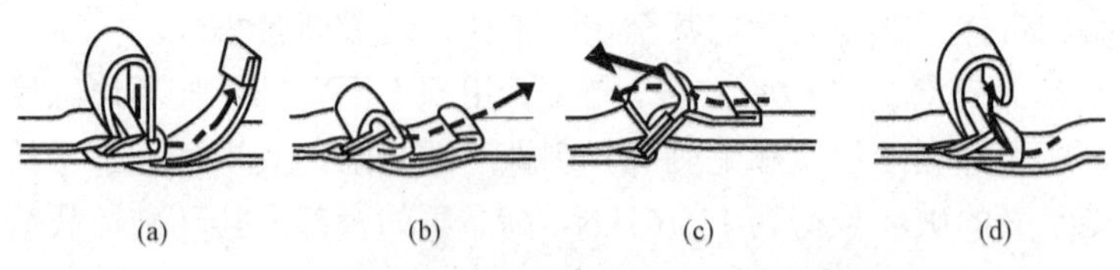

图 3–28　扣环式调节扣结构及使用示意图

（a）闭合；（b）调紧；（c）调松；（d）开启

5）腿部调节扣。腿部调节扣用于调整腿部的松紧，一般采用扣环式带扣或快速自锁扣，快速扣结构及使用如图 3–30 所示，作业人员可根据需要和偏好选择腿部的松紧程度。

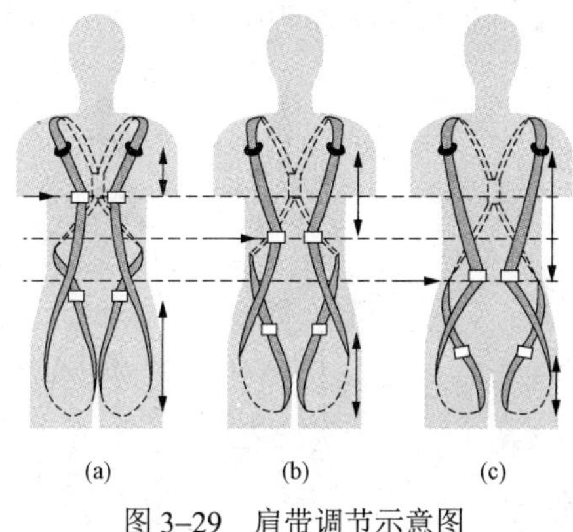

(a) (b) (c)

图 3–29　肩带调节示意图

（a）紧；（b）舒适；（c）松

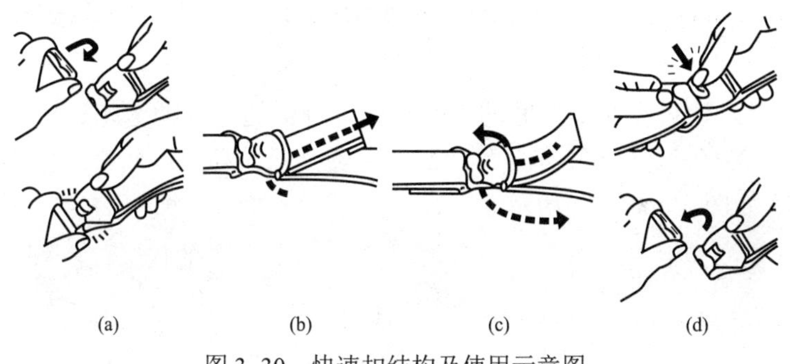

(a) (b) (c) (d)

图 3–30　快速扣结构及使用示意图

（a）闭合；（b）收紧；（c）调松；（d）开启

（2）简易型全身式安全带的关键点静负荷要求，如图 3–31 所示。图中明确显示背部悬挂环和前胸系环是负荷关键点，可用于悬挂坠落防护装备，背部及前胸悬挂方式如图 3–32 所示。

（3）简易型全身式安全带穿戴要求。简易型全身式安全带穿戴较普通围杆作业安全带复杂，要想快捷地佩戴简易型全身式安全带，请按图 3–33 所指示的步骤进行。

1）拎起简易型全身式安全带背部悬挂 D 形环，抖动安全带让其顺直，不缠绕，如图 3–33（a）所示。

2）双手握着安全带的肩带，如图 3–33（b）所示；然后将握着肩带的双手交叉，如图 3–33（c）所示；再像背双肩包一样将安全带翻至后背，双手相继从肩带处伸出，如图 3–33（d）所示。

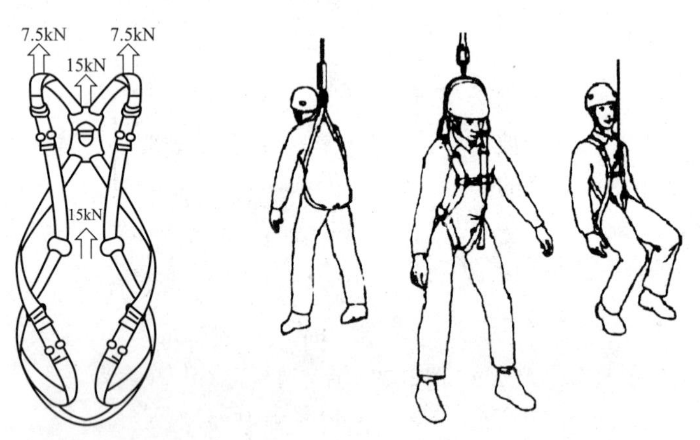

图 3–31　简易型全身式安全带关键点静负荷要求示意图

图 3–32　背部及前胸悬挂方式示意图

3）通过在两腿之间的腿环与臀部外侧边上的调节扣连接，如图 3–33（e）、（f）所示，确定腿环不交叉，拉动腿环调整到合适位置，如图 3–33（g）所示。

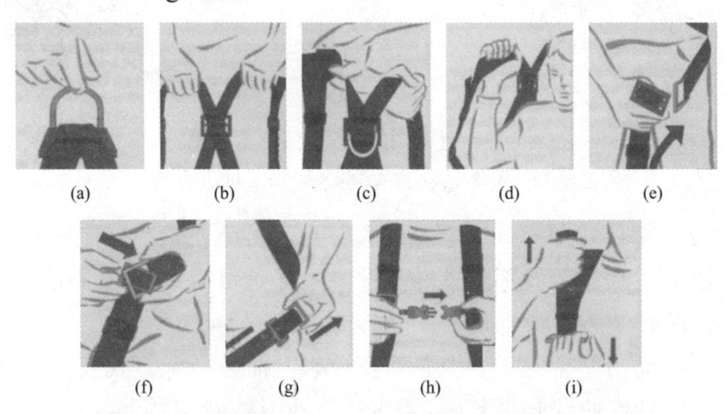

图 3–33　简易型全身式安全带穿戴步骤解析示意图

（a）步骤 1；（b）步骤 2；（c）步骤 3；（d）步骤 4；（e）步骤 5；（f）步骤 6；（g）步骤 7；（h）步骤 8；（i）步骤 9

4）使用一个连接器连接安全带的前胸系环，如图 3–33（h）所示。

5）若想完全地发挥全身式安全带的作用，必须进行适当地调整 （不要过紧或过松），使安全带完全适合佩戴者的体形，不影响所开展的作业，如图 3–33（i）所示。

6）调整好所佩戴的安全带后，再检查所有带体是否扭曲或交叉，从舒适度考虑必须保证带体无扭曲或交叉；最后检查安全带所有的调节扣是否被正确的扣上，为安全着想必须保证安全带所有的调节扣均被正确的扣上，穿戴及调节如图 3–34 所示。穿戴过程有困难或疑问，应毫不犹豫地寻求同伴帮助，以确保安全带的穿戴是十分安全与适合的。

图 3–34　简易型全身式安全带穿戴调节示意图

2. 标准型全身式安全带

以下主要介绍标准型全身式安全带的结构、关键点静负荷和穿戴要求。

（1）标准型全身式安全带的结构，如图 3–35 所示，主要由背部悬挂环、背部悬挂环调节扣、前胸悬挂环、护腿环、安全扣（连接器）、护腰带、腹部悬挂环、水平腰带悬挂环、后扣连接器、调节扣及带体等部件组成，其中背部悬挂环的结构及作用同简易型全身式安全带的背部悬挂环。

1）背部悬挂环调节扣。背部悬挂环调节扣用于调整背带，使图 3–35 中 2 和 9 之间被拉紧而不松弛，确保安全带适合佩戴者的体形，不会妨碍工作；通过调整背带的同时，也将背部悬挂环位置调正在肩背骨水平处。如果背部悬挂环在背部的位置太高，就会使佩戴者产生一种过度紧绷的感觉；如果背部悬挂环在背部的位置太低，当悬吊在高空时佩戴者便会过度地向前倾，如图 3–36 所示。

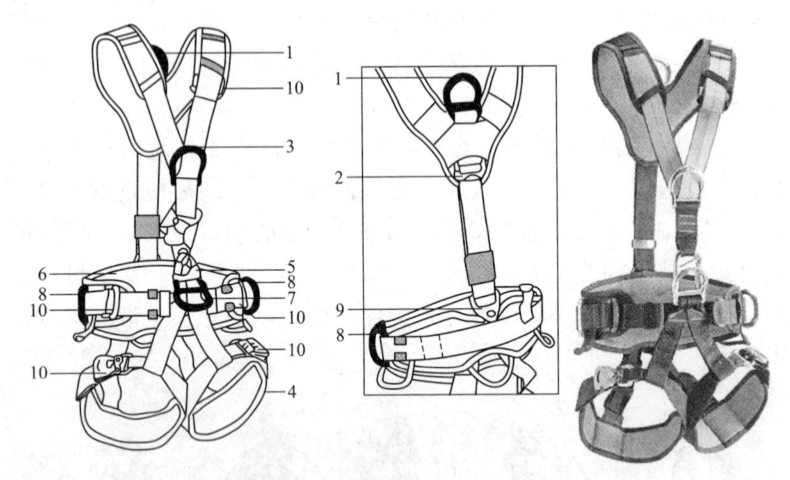

图 3–35　标准型全身式安全带

1—背部悬挂环；2—背部悬挂环调节扣；3—前胸悬挂环；4—护腿环；5—安全扣（连接器）；6—护腰带；7—腹部悬挂环；8—水平腰带悬挂环；9—后扣连接器；10—调节扣

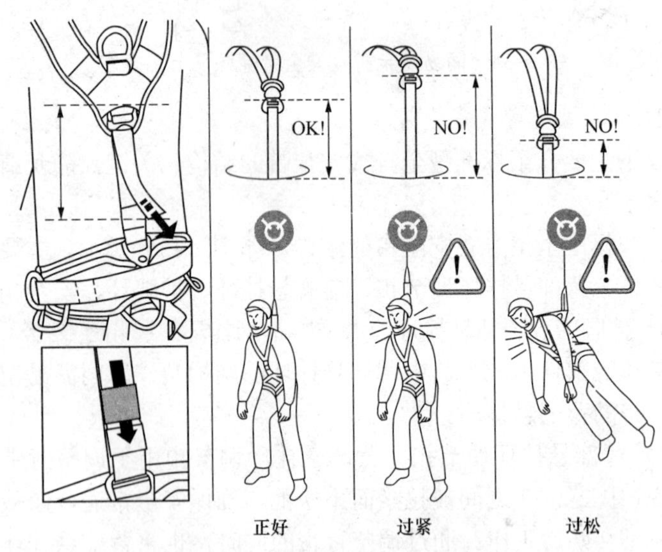

图 3–36　背部悬挂环调节示意图

2）前胸悬挂环。前胸悬挂环安置在安全带正面，处于人体的胸前；前胸悬挂环一般呈 D 形或圆形，如图 3–37 所示；主要用于悬挂坠落防护装备或作为援救时的定位环。其制作工艺、质量及检验等要求与背部悬挂环相同。

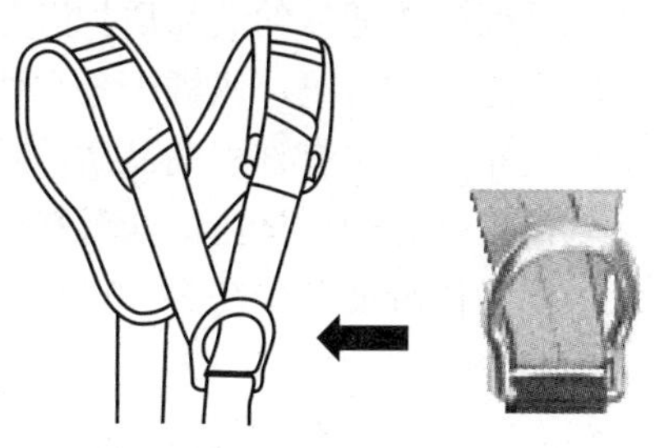

图 3–37　前胸悬挂环示意图

3）护腿环。护腿环为套在腿部的带体，采用透气网眼面料的海绵状塑胶衬垫，有助于支撑作业者的腿部，能有效地减少可能因带体受力造成腿部局部拉伤的情况，如图 3–38 所示。

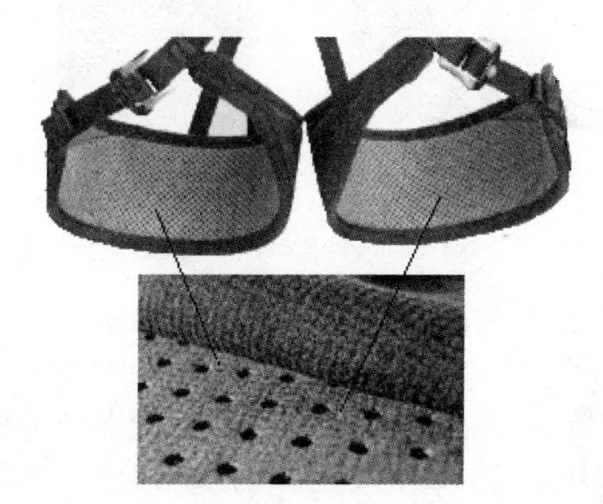

图 3–38　护腿环上透气的海绵状塑胶衬垫示意图

护腿环的宽度在 60～80mm 是最舒适的，宽度小于 50mm 的护腿环，会使佩戴者在作业时，感到腿环将大腿内侧勒得过紧，造成一种极不舒服的感觉。

4）安全扣（连接器）。安全扣（连接器）为连接背带与腰带的金属连接件（详见本章第四节）。

5）护腰带。护腰带的作用与围杆作业安全带中的护腰带相同。最简单的护腰带往往是将一些裁剪余下的零料缝入扁带里面，或将一块泡沫塑料填入管状扁带中；目前市场上这两种护腰带仍在大量使用。

采用牛皮面料的高品质护腰带，内里使用泡沫塑料制成宽体、柔软、透气的衬垫，佩戴十分得体持稳，如图 3–39 所示。

近年来，也有许多高品质的护腰带采用透气耐磨的网眼面料，内里使用气孔型耐挤压泡沫塑料制成宽体、柔软、透气的衬垫，佩戴十分轻盈舒适，如图 3–40 所示。

图 3–39 高品质牛皮护腰带示意图

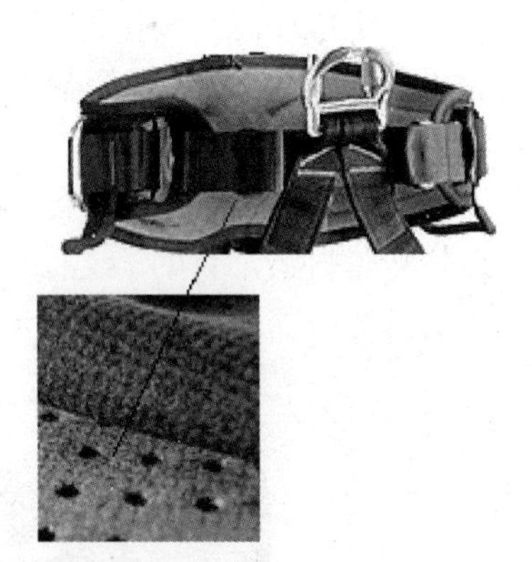

图 3–40 高品质的透气耐磨网眼型护腰带示意图

护腰带的最佳设计是：腰背部 80～110mm 宽，腰侧部 40～50mm 宽，这样能够给作业者提供最大程度的舒适和安全。

6）腹部悬挂环。腹部悬挂环安置在安全带的正面，处于人体的腹部；悬挂环一般呈 D 形或圆形，主要用于悬挂坠落防护装备或作为援救时的副定位环。其制作工艺、质量及检验等要求与背部悬挂环相同。

7）水平腰带悬挂环。水平腰带悬挂环安置在安全带腰带处，位于人体的腰部，一般配置三个悬挂环（每边一个加后面一个），采用聚酯纤维绳制作（特殊要求的采用内衬软钢丝的聚酯纤维绳制作），一般呈弧形，轻而坚韧，主要用于悬挂轻质作业装备（如绳索、安全扣等），如图 3–41 所示。

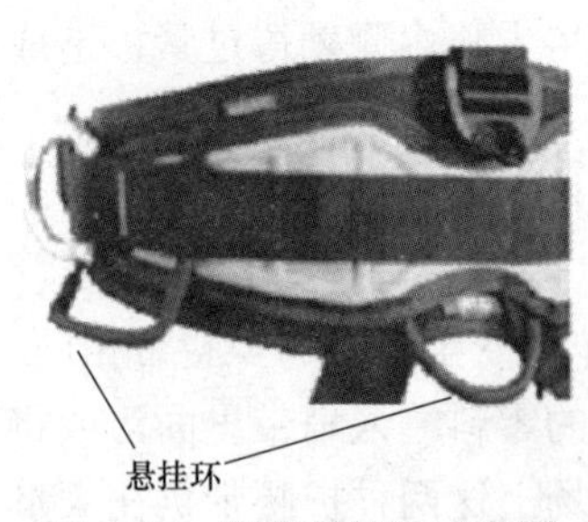

图 3–41 腰带悬挂环示意图

8）后扣连接器。后扣连接器为连接背带与腰带的金属连接件。

9）调节扣。调节扣一般采用扣环式带扣或快速自锁扣，如图 3–42 所示，作业人员可根据需要和偏好选择肩部、腰部及腿部的松紧程度。

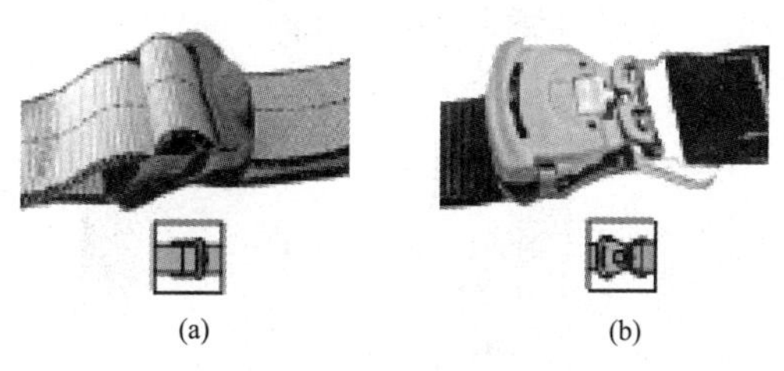

(a) (b)

图 3–42 调节扣示意图

（a）扣环式带扣；（b）快速自锁扣

（2）标准型全身式安全带关键点静负荷要求，如图 3–43 所示。

水平腰带悬挂环不可用作悬挂坠落防护装备，其最大悬挂物品质量要求，如图 3–44 所示，每个悬挂环最多可悬挂总重不超过 5kg 作业装备。

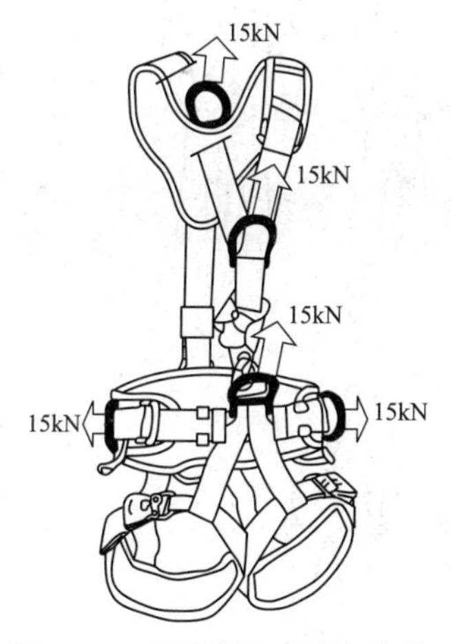

图 3–43 标准型全身式安全带关键点静负荷要求示意图

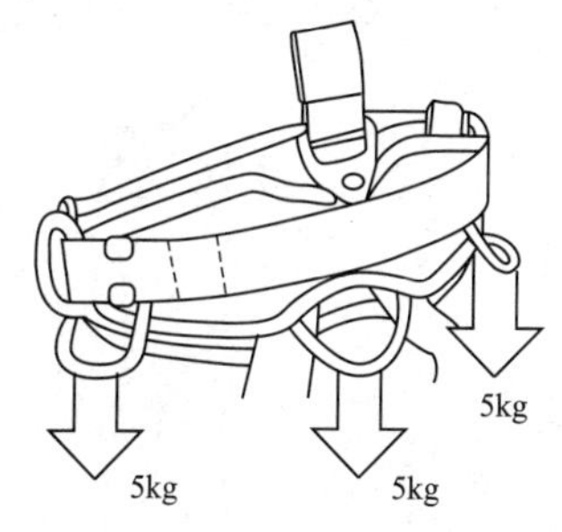

图 3–44 水平腰带悬挂环最大悬挂物品质量示意图

从图 3–43 中明确显示背部、胸前及腹部是负荷关键点，可用于悬挂坠落防护装备，背部及胸前悬挂方式如图 3–45 所示。

图 3–45　背部及胸前悬挂方式示意图

（a）背部悬挂；（b）胸前悬挂

（3）标准型全身式安全带穿戴要求及步骤，如图 3–46 所示。

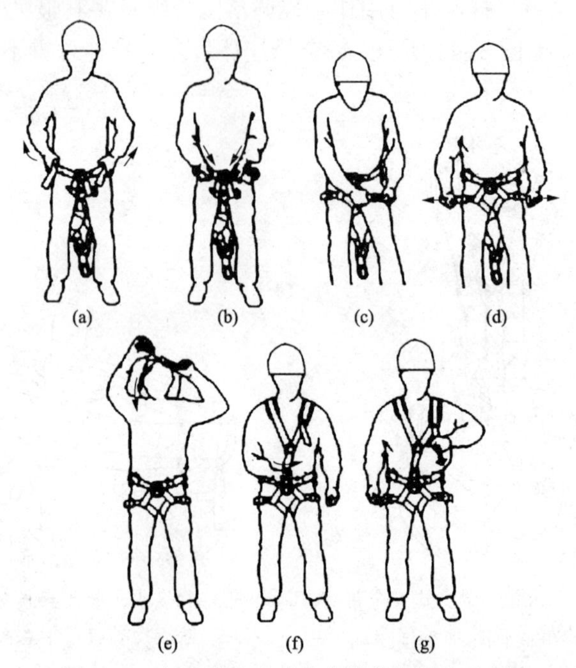

图 3–46　标准型全身式安全带穿戴调节示意图

（a）步骤 1；（b）步骤 2；（c）步骤 3；（d）步骤 4；（e）步骤 5；（f）步骤 6；（g）步骤 7

1）打开安全带腹部的安全扣，分开肩带，如图 3–46（a）所示。

2）握着安全带的腰带，然后把双腿穿上护腿环，如图 3–46（b）所示。

3）扣紧护腿环的环扣并调整护腿环到合适位置，如图 3–46（c）、（d）所示。

4）套入肩带，如图 3–46（e）所示；扣紧肩带与腹部的安全扣，如图 3–46（f）所示；调整肩带的位置及松紧度，如图 3–46（g）所示。

5）拉紧腰带，调整腰部的松紧程度。

6）检查所有调节扣的上扣情况。

3. 坐型全身式安全带

一般说来，穿安全带时，腰带的位置应在髋骨上方，不可压迫到横膈膜，影响到呼吸；腰带不能系得过紧，应在腰部留出不收腹情况下可插入一掌的间隙；穿好后，不论多用力地将腰带向下拉，安全带都不能被拉到髋骨之下。

实际高处作业施工中，确有一些作业人员为追求作业位置及方式的舒适度，将安全带的护腰带托在臀部。坐型全身式安全带的诞生，既保障了登高作业的安全又解决了登高作业时的舒适度问题。

（1）坐型全身式安全带的结构，如图 3–47 所示。坐型全身式

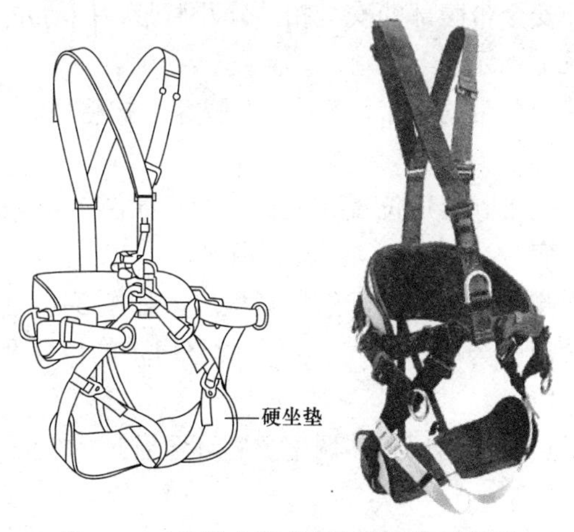

图 3–47　坐型全身式安全带结构示意图

安全带的硬坐垫，采用内衬高强度轻质工程塑料、外覆网状透气塑胶料制作；坐型全身式安全带其坚硬的坐垫配合宽大、柔软的腰带，将保障佩戴者在高处作业时的最佳舒适度。

（2）坐型全身式安全带与标准型全身式安全带一样，负荷关键点在背部、胸前及腹部，并可用于悬挂坠落防护装备，应用方式如图 3–48 所示。

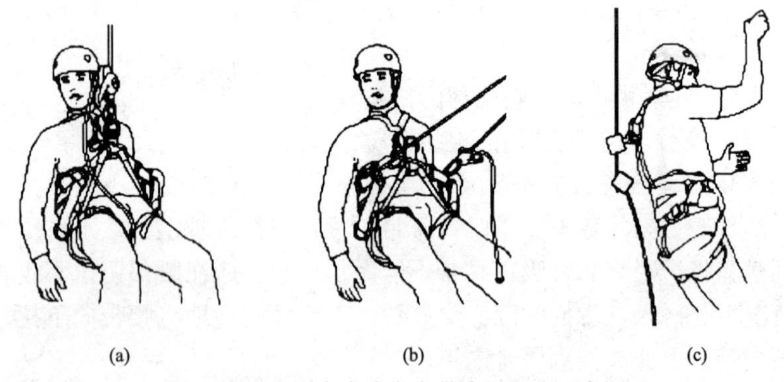

图 3–48　坐型全身式安全带应用方式示意图

（a）铁塔横担下作业；（b）电杆围杆作业；（c）攀登电杆作业

（3）坐型全身式安全带的穿戴调节要求及步骤，如图 3–49 所示。

1）打开安全带腹部的安全扣，分开肩带，抖动并理顺安全带，如图 3–49（a）所示。

2）握着安全带的腰带，然后把双腿穿上护腿环，如图 3–49（b）所示。

3）扣紧腰带到合适位置，避免下滑，如图 3–49（c）所示。

4）套入肩带，如图 3–49（d）所示。

5）拉紧腰带，调整腰部的松紧程度，如图 3–49（e）所示。

6）扣紧肩带与腹部的安全扣，调整肩带的位置及松紧度，如图 3–49（f）所示。

7）扣紧护腿环的环扣并调整护腿环至合适的位置，如图 3–49（g）所示。

8）检查所有调节扣的上扣情况。

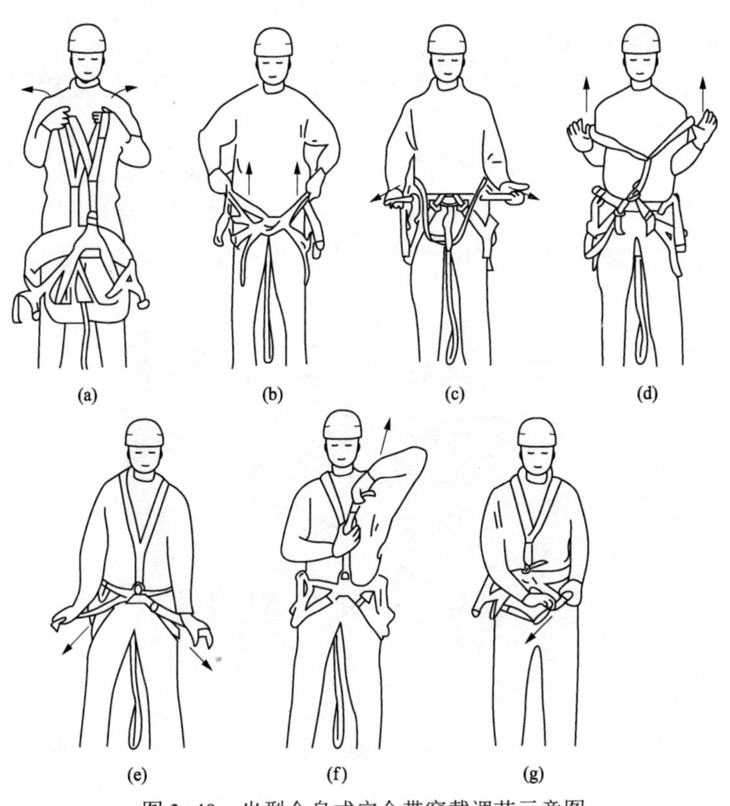

图 3–49 坐型全身式安全带穿戴调节示意图

（a）步骤 1；（b）步骤 2；（c）步骤 3；（d）步骤 4；（e）步骤 5；（f）步骤 6；（g）步骤 7

二、安全带技术要求

（一）总体结构

安全带的总体结构要求主要对突出物、制作材料、同工作服合为一体时、穿戴测试、安全绳同主带的连接点、旧产品、组合使用等进行了规定。

（1）安全带与身体接触的一面不应有突出物，结构应平滑。

（2）安全带不应使用回料或再生料，使用皮革不应有接缝。

（3）安全带可同工作服合为一体，但不应封闭在衬里内，以便穿脱时检查和调整。

（4）安全带进行模拟人穿戴测试，腋下、大腿内侧不应有绳、带以外的物品，不应有任何部件压迫喉部、外生殖器。

经了解，部分企业在生产过程中未进行立体放样，技术尺寸交底仅靠口口相传，编者曾对某坠落悬挂安全带进行穿戴测试，如图 3–50 所示，发现带体压迫模拟人的外生殖器，坠落中前胸横带有可能击打喉部。

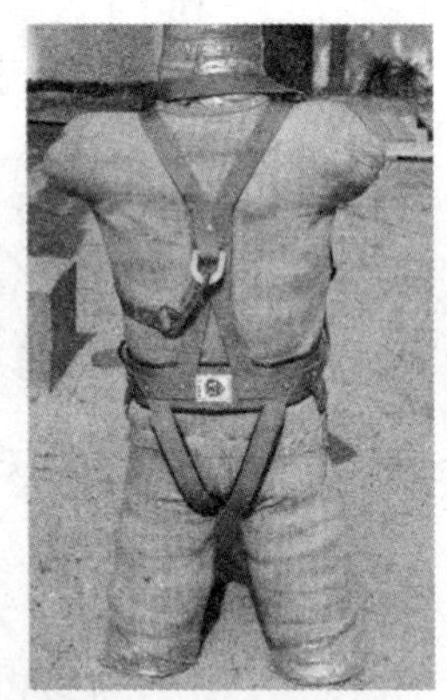

图 3–50　带体压迫模拟人的外生殖器及坠落时前胸横带有可能击打喉部

（5）坠落悬挂安全带的安全绳同主带的连接点应固定于佩戴者的后背、后腰或胸前，不应位于腋下、腰侧或腹部。

（6）旧产品应按规定进行静态负荷测试，当主带或安全绳的破坏负荷低于 15kN 时，该批安全带应报废或更换相应部件。

（7）当围杆作业安全带、区域限制安全带、坠落悬挂安全带分别满足基本技术性能时可组合使用，各部件应相互浮动并有明显标志；如果共用同一具系带应满足坠落悬挂安全带的基本技术性能要求。

（8）坠落悬挂安全带应带有一个足以装下连接器及安全绳的口袋。

（二）零部件

安全带的零部件要求主要对安全带的金属零件防腐、调节扣、环类零件及防爆处理等进行了规定。

（1）金属零件应浸塑或电镀以防锈蚀。

（2）调节扣不应划伤带子，可以使用滚花的零部件。

（3）所有零部件应顺滑，无材料或制造缺陷，无尖角或锋利边缘。8 字环、品字环不应有尖角、倒角，几何面之间应采用 *R*4 以上圆角过渡。

（4）金属环类零件不应使用焊接件，不应留有开口。在安全带日常预防性试验中，曾多次发现部分企业生产的安全带金属环类零件采用焊接成型工艺，如图 3–51 所示。

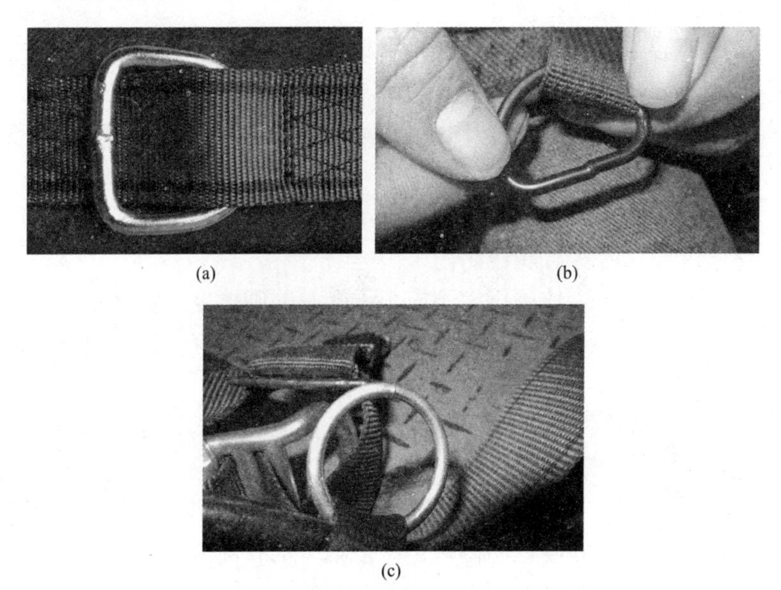

(a) (b) (c)

图 3–51　安全带金属环类零件采用焊接成型工艺

（a）采用焊接成型的半圆环；（b）三角环焊接；（c）圆环焊接

（5）连接器的活门应有保险功能，应在两个明确的动作下才能打开。

（6）金属零件按规定进行盐雾试验，应无红锈，或其他明显可见的腐蚀痕迹，但允许有白斑。

（7）在爆炸危险场所使用的安全带，应对其金属件进行防爆处理。

需要强调的是随时技术的进步，目前部分企业的高品质安全带已采用工程塑料配件。

（三）织带与绳

安全带的织带与绳要求主要对安全带的扎紧扣、主带、辅带、腰带和护腰带、安全绳、护套、端头、连接工艺、环眼、带箍、缝纫线等进行了规定。

（1）主带扎紧扣应可靠，不能意外开启。

（2）主带应是整根，不能有接头。宽度不应小于 40mm。

（3）辅带宽度不应小于 20mm。

（4）腰带应和护腰带同时使用。

（5）安全绳（包括未展开的缓冲器）有效长度不应大于 2m，有两根安全绳（包括未展开的缓冲器）的安全带，其单根有效长度不应大于 1.2m。

（6）安全绳编花部分可加护套，使用的材料不应同绳的材料产生化学反应，应尽可能透明。

（7）护腰带整体硬挺度不应小于腰带的硬挺度，宽度不应小于 80mm，长度不应小于 600mm，接触腰的一面应有柔软、吸汗、透气的材料。

（8）织带和绳的端头在缝纫或编花前应经燎烫处理，不应留有散丝。

（9）织带折头连接应使用线缝，不应使用铆钉、胶粘、热合等工艺。

GB 6095—2009 已明确规定，但至今仍有部分企业在织带折头连接使用铆钉工艺，如图 3–52 所示。

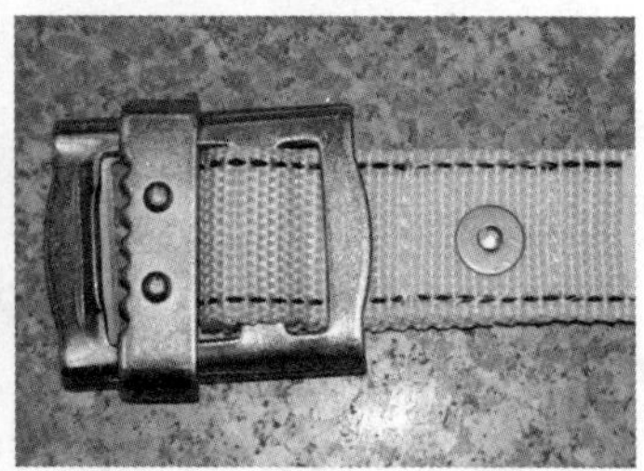

图 3–52　织带折头连接使用铆钉工艺

（10）钢丝绳的端头在形成环眼前应使用铜焊或加金属帽（套）将散头收拢。

（11）织带折头缝纫后及绳头编花后不应进行燎烫处理。

（12）绳、织带和钢丝绳形成的环眼内应有塑料或金属支架。

（13）禁止将安全绳用作悬吊绳。悬吊绳与安全绳禁止共用连接器。

（14）所有绳在构造上和使用过程中不应打结。

（15）每个可拍（飘）动的带头应有相应的带箍。

（16）用于焊接、炉前、高粉尘浓度、强烈摩擦、割伤危害、静电危害、化学品伤害等场所的安全绳应加相应护套。

（17）缝纫线应采用与织带无化学反应的材料，颜色与织带应有区别。

部分企业生产的安全带，其缝纫线颜色与织带颜色无区别这种现象仍存在，如图 3–53 所示。

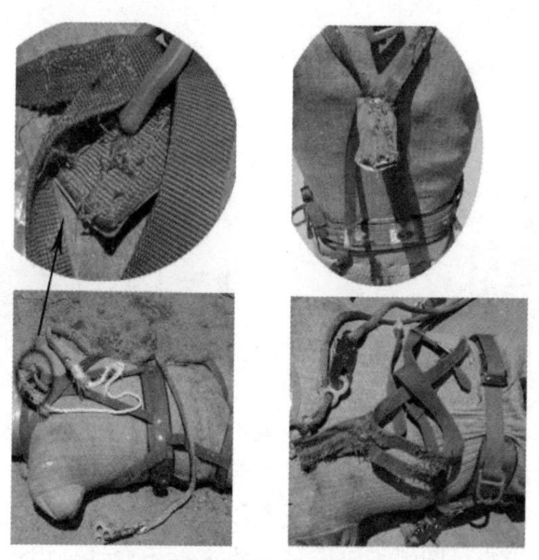

图 3–53　缝纫线颜色与织带颜色无区别

三、安全带主要性能试验

安全带质量的优劣，可通过外观检查和各种试验进行考核。

（一）外观检查

安全带使用前应进行认真的外观检查，如图 3–54 所示，检查内容如下。

（1）产品名称、标准编号、产品类别（围杆作业、区域限制或坠落悬挂）、制造厂名、生产日期（年、月）、伸展长度等标识完整清晰。

（2）安全带各部件完整无缺失、无伤残破损。

（3）腰带、围杆带、肩带、腿带等带体无灼伤、脆裂及霉变，表面不应有明显磨损及切口；围杆绳、安全绳无灼伤、脆裂、断股及霉变，各股松紧一致，绳子应无扭结；护腰带接触腰部分应垫有柔软材料，边缘圆滑无角。如图 3–55 所示，安全带腰带边缘有切口缺陷，一旦安全带受到冲击力作用，极易造成安全带撕裂事故。

图 3–54　安全带进行外观检查

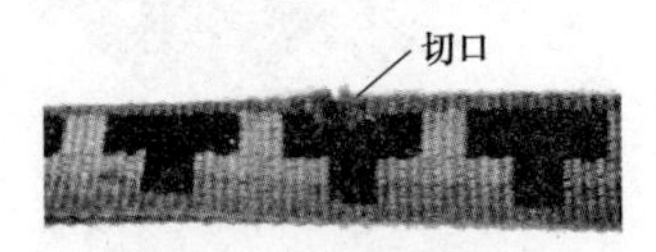

图 3–55　安全带腰带边缘有切口缺陷

（4）织带折头连接应使用线缝，不应使用铆钉、胶粘、热合等工艺；缝合线应完整无脱线，颜色与织带应有区别。

（5）金属配件表面光洁，无裂纹、无严重锈蚀和目测可见的变形，配件边缘应呈圆弧形；金属环类零件不允许使用焊接，不应留有开口。

（6）金属挂钩等连接器应有保险装置，应在两个及以上明确的动作下才能打开，且操作灵活。钩体和钩舌的咬口必须完整，两者不得偏斜。各调节装置应灵活可靠。

（二）主要试验项目

安全带各部件和整体主要做静负荷测试和动负荷测试。

1. 试验设备

试验设备主要包括静负荷测试所需的拉力试验机和动负荷测试所需的提升控制试验系统及其他附件等。

（1）30kN 拉力试验机 1 台，精度 1 级；

（2）手动（或台式）计时器 1 只，分辨力 1s；

（3）12m 高双提升控制系统试验架一座，额定垂直安全载荷不低于 20kN；

（4）5kN 释放器 1 个；

（5）标准模拟人 3 个，强度不小于 10kN；

（6）20kN 冲击力传感器 1 台，分辨力 1N；

（7）1m、3m 钢卷尺各 1 把，分辨力 1mm。

2. 各部件静负荷测试

各部件主要包括织带、安全绳和扎紧扣及缝制部位。

（1）织带静负荷测试夹具及夹持方法见图 3–56。

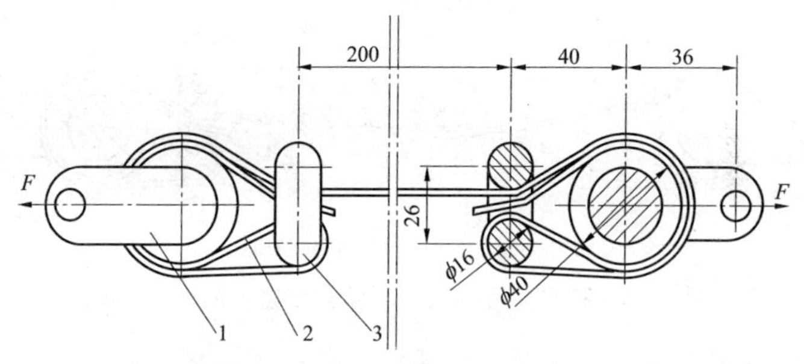

图 3–56　织带静负荷测试夹具及夹持方法示意图

1—拉头；2—测试样带；3—夹箍

（2）绳静负荷测试夹具及夹持方法见图 3–57。织带和安全绳静负荷测试步骤。取适当长度样品，按图 3–56、图 3–57 所示编花或缠绕，夹持在试验机夹头上，以（100±5）mm/min 速度加载至 15kN，保持 2min，卸载后试样应无破损。

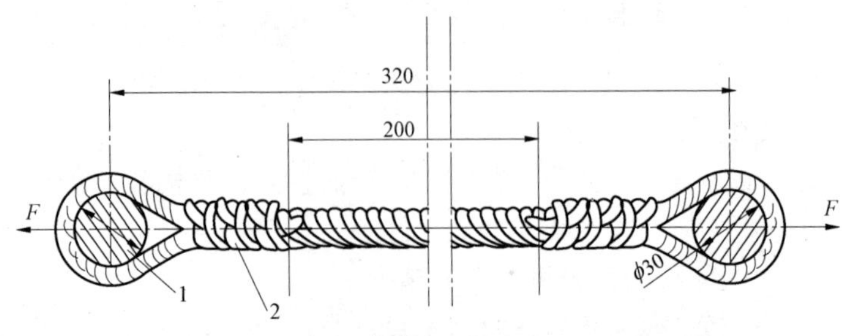

图 3–57　绳静负荷测试夹具及夹持方法示意图

1—芯轴；2—测试样绳

（3）扎紧扣及缝制部位静负荷测试夹持方法见图 3–58。测试时受力方向应为零件工作方向或较长方向，零件同夹具接触处应避免夹具产生切割作用。当部件由强度要求不同的零件组成时，应按强度要求从低到高依次加载，通过加载测试的低强度零件可以用夹具替换。夹持后，试验机以（20±2）mm/min 的拉伸速度加载至 8kN，保持 3min，卸载后试样应无破损。

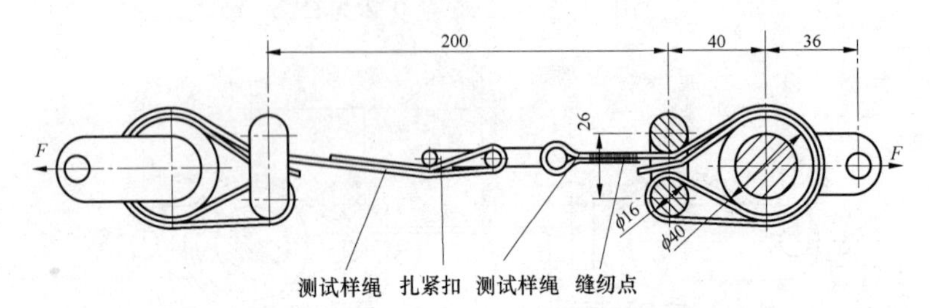

图 3–58　扎紧扣及缝制部位静负荷测试夹持示意图

3. 围杆作业安全带整体试验

围杆作业安全带整体试验包括静负荷测试和滑落测试。

（1）围杆作业安全带整体静负荷测试。测试步骤如图 3–59 所示，按照产品说明将安全带穿戴在标准模拟人身上，固定在有足够大台面的测试台架上，使模拟人承受测试负荷时不致歪斜。在穿过调节扣的带扣和带扣框架处做出标记，将加载点调整到围杆绳（带）与系带连接点的正上方。匀速加载，加载速度为（100±5）mm/min，加载到围杆带（绳）上的力值达 4.5kN 时，保持 2min。计时精度不低于 1%，加载点应有缓冲装置不致形成对试样的冲击。

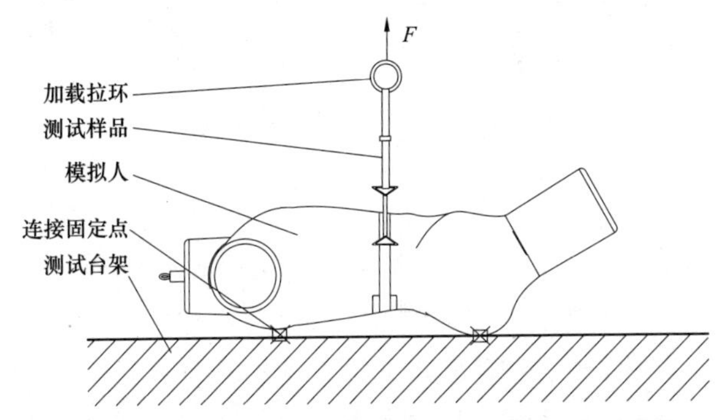

图 3–59　围杆作业安全带整体静态负荷测试示意图

围杆作业安全带整体静负荷测试结果应满足：

1）不应出现织带撕裂、开线、绳断、金属件碎裂或塑性变形、连接器开启、模拟人滑脱等现象；

2）安全带不应出现明显不对称滑移或不对称变形；

3）模拟人的腋下、大腿内侧不应有金属件；

4）不应有任何部件压迫模拟人的喉部和外生殖器；

5）织带或绳在调节扣内的滑移不应大于 25mm。

（2）围杆作业安全带整体滑落测试。测试示意图如图 3–60 所示，按照产品说明将安全带穿戴在模拟人身上后摆放在翻板上。应保证系带悬挂点同固定挂点距离为 200～300mm；在穿过调节扣的带扣和带扣框架处做出标记；抽出或翻倒翻板，使模拟人下坠；晃动停止后，测量并记录偏离标记的滑移，应满足：

1）不应出现织带撕裂、开线、金属件碎裂、连接器开启、带扣松脱、绳断、模拟人滑脱等现象；

2）安全带不应出现明显不对称滑移或不对称变形；

3）模拟人悬吊在空中时，其腋下、大腿内侧不应有金属件；

4）模拟人悬吊在空中时，不应有任何部件压迫模拟人的喉部和外生殖器；

5）织带或绳在调节扣内的滑移不应大于 25mm。

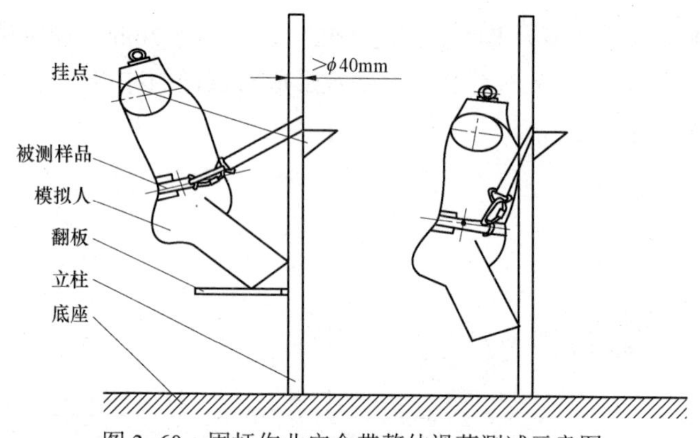

图 3–60　围杆作业安全带整体滑落测试示意图

4. 区域限制安全带整体静负荷测试

测试示意图如图 3–61 所示，按照产品说明将安全带穿戴在标准模拟人身上，固定在有足够大台面的测试台架上，使模拟人承受测试负荷时不致歪斜。将加载点调整到安全绳与系带连接点的正上方，将调节器或滑车同加载装置连接。匀速加载至 2kN 力到调节器或滑车上，保持 2min。

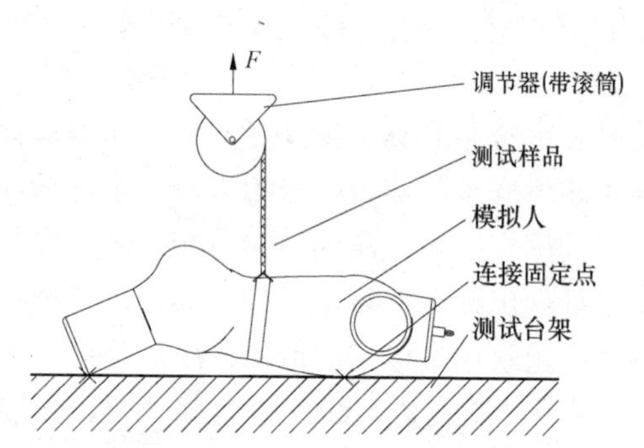

图 3–61　区域限制安全带整体静负荷测试示意图

区域限制安全带整体静负荷测试结果应满足：

（1）不应出现织带撕裂、开线、绳断、金属件碎裂或塑性变形、连接器开启等现象。

（2）安全带不应出现明显不对称滑移或不对称变形。

（3）模拟人的腋下、大腿内侧不应有金属件。

（4）不应有任何部件压迫模拟人的喉部和外生殖器。

5. 坠落悬挂安全带整体试验

坠落悬挂安全带整体试验包括静负荷测试和动负荷测试。

（1）坠落悬挂安全带整体静负荷测试。

1）仅含安全绳的坠落悬挂安全带整体静负荷测试示意图如图 3–62 所示，按照产品说明将安全带穿戴在（100±2）kg 模拟人身上，将臀部吊环同测试台架连接。在穿过调节扣的带扣和带扣框架处做出标记，将安全带的连接器同加载装置连接。匀速加载至 15kN，保持 5min。

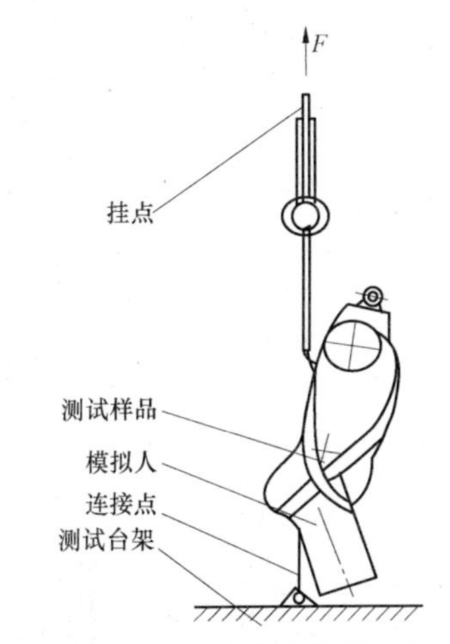

图 3–62　仅含安全绳的坠落悬挂安全带整体静负荷测试示意图

2）含安全绳及轨道（导索）型防坠器的坠落悬挂安全带整体静负荷测试步骤。如图 3–63 所示，按照产品说明将安全带穿戴在（100±2）kg 模拟人身上，将臀部吊环同测试台架连接。在穿过调节扣的带扣和带扣框架处做出标记，将轨道（导索）同加载装置连接。施加外力，使防坠器开始制动，匀速加载至 15kN 力到轨道（导索）上，保持 5min。

3）含收放型防坠器的坠落悬挂安全带整体静负荷测试步骤。如图 3–64 所示，按照产品说明将安全带穿戴在（100±2）kg 模拟人身上，将臀部吊环同测试台架连接。在穿过调节扣的带扣和带扣框架处做出标记，将防坠器同加载装置连接。施加外力，使防坠器开始制动，匀速加载至 15kN 力到防坠器上，保持 5min。

坠落悬挂安全带整体静负荷测试，应满足下列要求：

a. 整体静拉力不应小于 15kN；

b. 不应出现织带撕裂、开线、金属件碎裂或塑性变形、连接器开启、绳断、模拟人滑脱等现象；

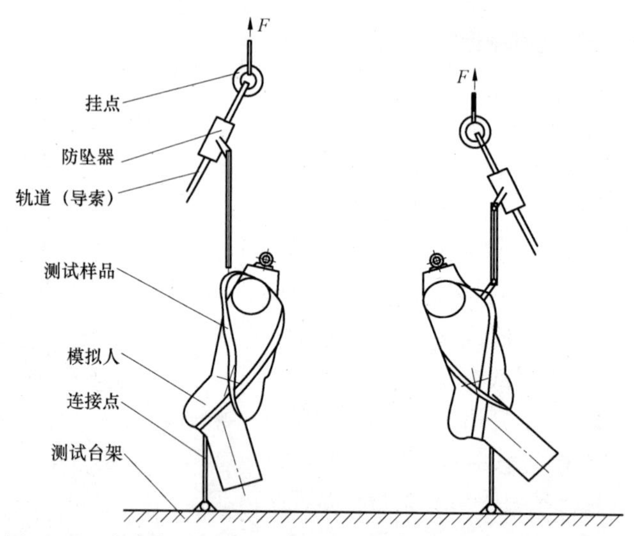

图 3–63　含安全绳及轨道（导索）型防坠器的坠落悬挂安全带整体静负荷测试示意图

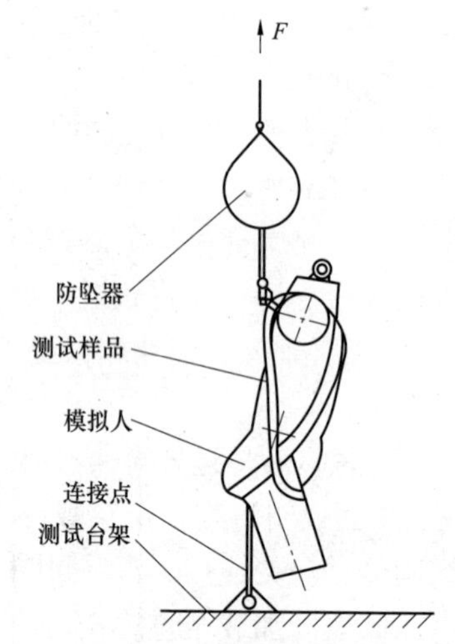

图 3–64　含收放型防坠器的坠落悬挂安全带整体静负荷测试示意图

c. 安全带不应出现明显不对称滑移或不对称变形；

d. 模拟人的腋下、大腿内侧不应有金属件；

e. 不应有任何部件压迫模拟人的喉部和外生殖器；

f. 织带或绳在调节扣内的滑移不应大于25mm。

（2）坠落悬挂安全带整体动负荷测试。

1）仅含安全绳的坠落悬挂安全带整体动负荷测试示意图如图3–65所示，按照产品说明将安全带穿戴在（100±2）kg模拟人身上，模拟人头部吊环与释放器连接，提升模拟人到重心高于悬挂点1m处，保证悬挂点到释放点水平距离小于300mm；在穿过调节扣的带扣和带扣框架处做出标记；释放模拟人，并开始计时；5min后检查安全带情况，并记录测试结果；换一套新安全带，按照产品说明将安全带穿戴在（100±2）kg模拟人身上，模拟人臀部吊环与释放器连接，提升模拟人头部吊环至悬挂点水平，保证悬挂点到释放点水平距离小于300mm；释放模拟人，并开始计时；5min后测量并记录偏离标记的滑移，观察并记录安全带情况。

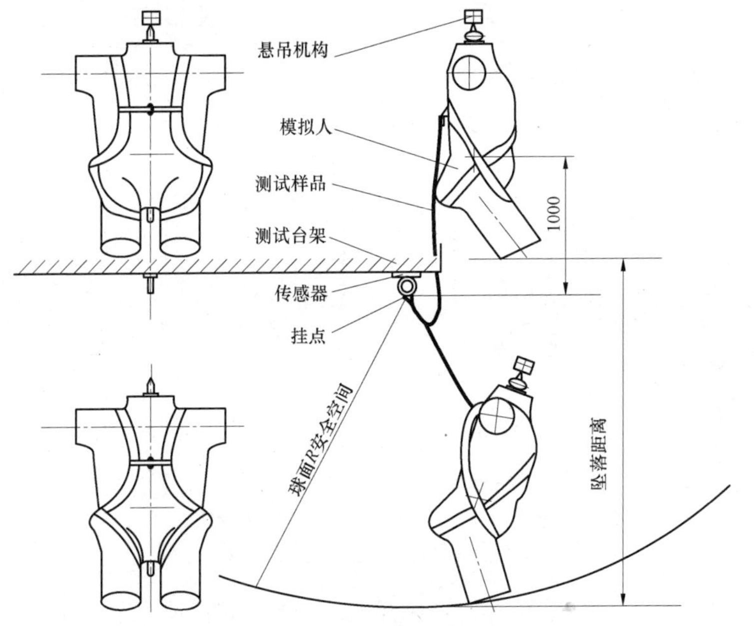

图3–65 仅含安全绳的坠落悬挂安全带整体动负荷测试示意图

2）含安全绳及轨道（导索）型防坠器的坠落悬挂安全带整体动负荷测试步骤。如图3–66所示，按照产品说明将安全带穿戴在

（100±2）kg 模拟人身上，模拟人头部吊环与释放器连接，提升模拟人至防坠器可以在轨道（导索）上自由滑动，保证悬挂点到释放点水平距离小于 300mm；在穿过调节扣的带扣和带扣框架处做出标记；释放模拟人并开始计时；5min 后，测量并记录偏离标记的滑移，观察并记录安全带情况。换一套新安全带，按照产品说明将安全带穿戴在（100±2）kg 模拟人身上，模拟人臀部吊环与释放器连接，提升模拟人头部至防坠器可以在轨道（导索）上自由滑动，保证悬挂点到释放点水平距离小于 300mm；在穿过调节扣的带扣和带扣框架处做出标记；释放模拟人并开始计时；5min 后测量并记录偏离标记的滑移，观察并记录安全带情况。

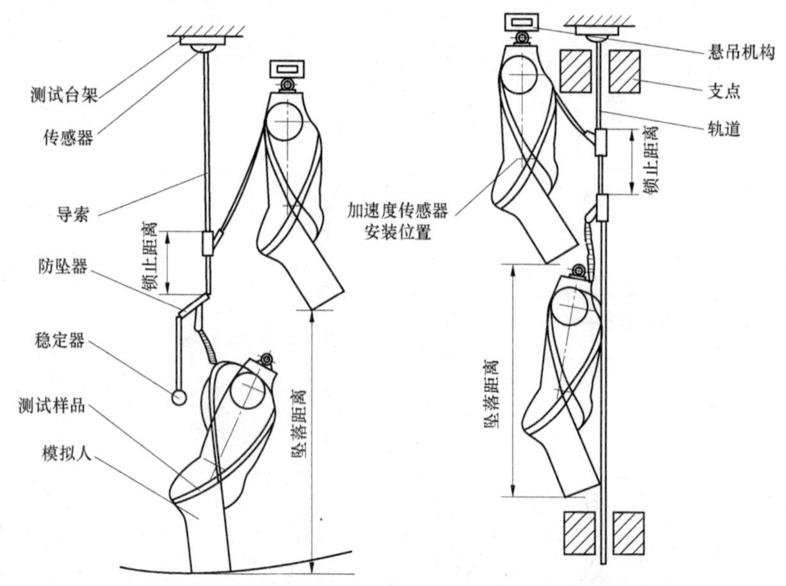

图 3–66　含安全绳及轨道（导索）型防坠器的坠落悬挂安全带整体动负荷测试示意图

3）含收放型防坠器的坠落悬挂安全带整体动负荷测试步骤。如图 3–67 所示，按照产品说明将安全带穿戴在（100±2）kg 模拟人身上，模拟人头部吊环与释放器连接，提升模拟人使绳索拉出的距离为 1m，保证悬挂点到释放点水平距离小于 300mm；

在穿过调节扣的带扣和带扣框架处做出标记；释放模拟人并开始计时；5min 后，测量并记录偏离标记的滑移，观察并记录安全带情况。换一套新安全带，按照产品说明将安全带穿戴在（100±2）kg 模拟人身上，模拟人臀部吊环与释放器连接，提升模拟人使绳索拉出的距离为 1m，保证悬挂点到释放点水平距离小于 300mm；在穿过调节扣的带扣和带扣框架处做出标记；释放模拟人并开始计时；5min 后测量并记录偏离标记的滑移，观察并记录安全带情况。

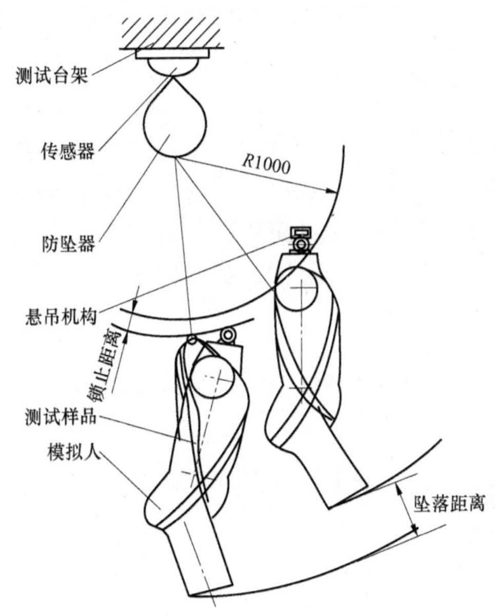

图 3–67　含收放型防坠器的坠落悬挂安全带整体动负荷测试示意图

坠落悬挂安全带整体动负荷测试，应满足下列要求：

a. 冲击作用力峰值不应大于 6kN；

b. 伸展长度或坠落距离不应大于产品标识的数值；

c. 不应出现织带撕裂、开线、金属件碎裂、连接器开启、绳断、模拟人滑脱等现象；

d. 坠落停止后，模拟人悬吊在空中时不应出现模拟人头朝下的现象；

e. 坠落停止后，安全带不应出现明显不对称滑移或不对称变形；

f. 坠落停止后，模拟人悬吊在空中时安全绳同主带的连接点应保持在模拟人的后背或后腰，不应滑动到腋下、腰侧；

g. 坠落停止后，模拟人悬吊在空中时模拟人的腋下、大腿内侧不应有金属件；

h. 坠落停止后，模拟人悬吊在空中时不应有任何部件压迫模拟人的喉部和外生殖器；

i. 坠落停止后，织带或绳在调节扣内的滑移不应大于 25mm。

四、安全带预防性试验要求

安全带预防性试验项目为外观检查和整体静负荷试验；试验周期不超过 12 个月。新购入以及满试验周期的安全带应按批逐条进行外观检查和整体静负荷试验。整体静负荷试验方法及结果判断同本节“三、安全带主要性能试验”，施加的试验静负荷值及负荷时间见表 3–2。

表 3–2　　安全带整体静负荷预防性试验要求表

种类	试验静负荷（N）	负荷时间（min）
围杆作业安全带	2205	5
区域限制安全带	1200	5
坠落悬挂安全带	3300	5

五、单腰带式安全带与全身式安全带（坠落悬挂安全带）差别

单腰带式安全带负荷关键点在腰部，若佩戴者在作业时发生坠落，无论人体脸部向上、向下或向左右侧，腰部将承受因坠落产生的冲击力，如图 3–68 所示；其实，人的腰部是最经不起折腾的。

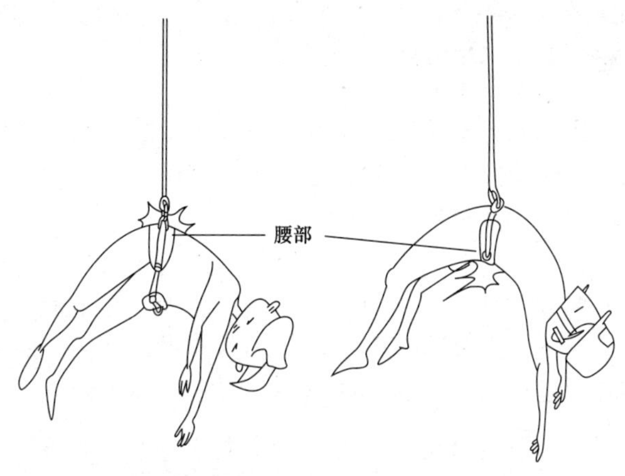

图 3–68　悬挂点在腰部时的坠落示意图

全身式安全带受力时，受力方向垂直于地面，竖直向上，可以将冲击力均匀的分散到腿部、腰部、胸部及背部，也就是能将冲击力较均匀地分散到作业人员整个躯干的各部分，从而尽可能减少对腰部的伤害，如图 3–69 所示。

佩戴全身式安全带若发生坠落，可提供最佳的冲击力分布并维持人体处于最佳位置；让空中悬挂的作业者处于可能自救的最佳状态，如图 3–70 所示。

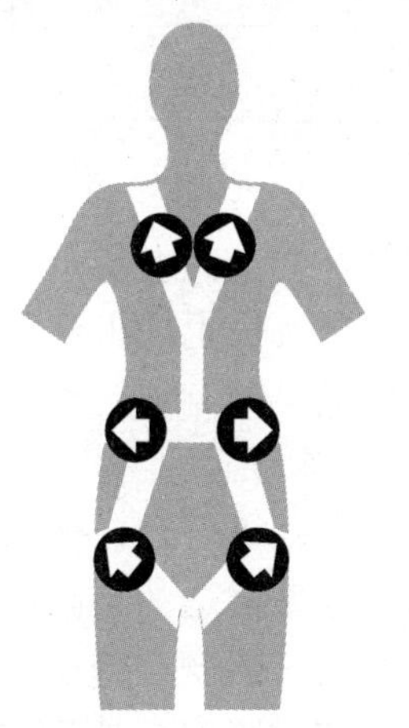

图 3–69　全身式安全带受力分布示意图

图 3–70　坠落后人体最佳位置示意图

六、安全带使用与维护

每一个作业人员必须学会正确使用安全带的方法，如果因为使用不当，就不能使安全带起到充分的防护作用，因此，在安全带的使用与维护中，应注意以下几点：

（1）必须选择适合自己的安全带。挑选适合自己的安全带是很重要的，如果安全带太紧，就会限制活动能力，产生不舒服感觉，特别是悬吊在半空中的时候；太松，则会产生滑动，摩擦身体产生不舒服感觉，在发生倒栽葱的坠落时，甚至会从安全带的腰带中滑脱出来！在悬吊时也有可能因为安全带太松，腰带被拉到胸部，压迫到横膈膜而让人呼吸不畅。另外，穿不合身的安全带，会因重复的作业动作，造成各处缝线及带子的磨损程度不一致，除了使带子表面形成毛球外，车缝线的磨损更会导致安全带在受力时断裂，所以必须根据个人的身材选用适当尺寸的安全带。

（2）为了确保安全带能发挥它应有的基本功能——挽救生命，每次使用前必须对它进行外观检查，检查是否有缝线脱落、缺口和其他损坏的情形。

（3）安全带只需用清水和洗衣粉洗涤即可，洗涤后将它吊挂在阴凉通风处晾干。安全带不使用时，应收藏于远离阳光、高温、化学品及潮湿之处。

七、安全带选购

为什么一个作业人员能顺利地穿戴好全身式安全带并能正确地使用它，而另一个作业人员却穿了半个时辰也尚未穿戴好安全带？首要的原因是，作业人员没有接受适当的有关全身式安全带产品使用、检查和维护的培训。另一个原因是，无论培训有多么完善，如果作业人员觉得全身式安全带穿戴不舒适，他们可能仍然不愿意使用。显然，作业人员更乐于穿戴舒适的、能方便地连接系绳和其他连接件的安全带。企业购买任何安全带产品前，应注意安全带不是都完全相同的。应比较和对照安全带从结构到编织带布置的所有细节，这些细节往往就是影响舒适感和使用安全性的因素。

在选购安全带产品之前，应要求制造商提供如下书面证明：

（1）产品的生产地是否通过 ISO 9000 认证，是否取得 LA 劳安认证，因这些证书可证明工厂在设计、开发、生产的质量保证方面符合严格的国际或国家标准。

（2）产品是否符合相关安全带技术标准，因符合相关技术标准的安全带，质量一定是可靠的。

（3）安全带产品的制造商是否有较完善的原材料进货过程控制程序，因安全带产品的质量取决于原材料、部件的质量。

（4）制造商生产的安全带是否经过第三方具备资质的专业机构的检测，安全带质量的优劣，进行相关标准要求的试验，其试验结果是最有发言权的。

八、温馨提醒（忠告）

防坠落装备中安全带与作业人员之间的直接接触最多，安全带应至少有如下性能：

（1）发生高空坠落时能拉住作业人员，保证作业人员不继续坠落，并可确保作业人员不会从安全带中滑脱。

（2）在坠落时，安全带应能提供最佳的冲击力分布并维持人体处于最佳位置。

（3）让空中悬挂的作业人员处于可能自救的最佳状态。

（4）应使作业人员在最安全、舒适和有效率的情况下活动自如。

温馨提醒：

高处作业时，《电力建设安全工作规程》建议：宜使用全方位防冲击安全带；《国家电网公司电力安全工作规程》规定：应使用有后备保护绳或速差自锁器的双控背带式安全带。

忠告：

当你使用安全带时，请记住首要原则：检查，检查，再检查！如果对手中安全带的可靠性有任何疑问，就坚决扔掉它。

第三节　保护绳应用技术及检验要求

在介绍保护绳前，让我们先了解一下绳子的发展历史及应用现状吧。

绳子的历史，渊源久远，史书上曾记载：“上古结绳而治”，可见人类的历史有多长，绳子的历史就有多长。经过几千年演变，绳子早已从记事绳结工具，演变为如今已是——这么说吧，还是上大街上看看吧：头顶上是用绳子悬挂着的彩色横幅；大婶手中那寓意美好的绳编中国结……生活中已处处离不开绳子，所以，千万别小看这么一根绳子，可以说绳子已融入了我们的生活，如图 3–71 所示。

图 3–71　融入生活中的绳

从考古中发现，最先用来制绳的材料是细小的树枝、柳枝、蔓草或藤，绳子是我们先人站起来、开始用手开拓这个世界时最初的工具之一；随后人们用麻、棉、棕丝等制绳，直至今日的用化学纤维制绳。

麻是制绳中最好的天然纤维材料，像大麻、马尼拉麻、西沙尔麻等材料制绳已有三千多年的历史。

1930 年有一位才华出众的青年化学家华莱士·卡罗瑟斯（Wallace Hume Carothers），当他进行聚酯实验时，发现一种熔融聚合物能够拉伸成纤维状细丝。更重要的是，这种纤维即使冷却之后，拉伸长度仍比最初的长度长几倍，而且纤维的强度和弹性大大提高。在他的努力下，聚酰胺 66 诞生。这种聚合物具有高熔点，不溶于普通溶剂，由于在结构和性质上更接近天然丝，拉制的纤维具有丝的外观和光泽，其耐磨性和强度超过当时任何一种纤维，而且原料价格也比较便宜，美国杜邦公司决定对其进行商品生产开发。1938 年 10 月 27 日，杜邦公司正式宣布世界上第一种合成纤维正式诞生，并将聚酰胺 66 这种合成纤维命名为尼龙，即锦纶。第二次世界大战结束后，随着石化工业的发展，用这种尼龙生产的绳子迅速进入各行各业。其质轻高强且较大的延展性还能减少相当一部分冲击力的特性很适合高处作业防坠落。

如今，许多承力绳实质上都是用少数几种材料制成的，这并不是说所有的绳子都一样，因制作技术上的差异，最终的产品还存在着很大的差异。

一、绳索分类

按绳索的性能通常将承力绳索分为静力绳和动力绳两大类。

1. 静力绳

静力绳的要求是：当静拉力为 80kg［80kg 相当于一个成年人加上常规装备的平均质量（国际通用要求）］时，其延展率（绳索承受额定张力时的绝对伸长量与绳索原长度之比）不超过 2%。一般以平行排列纤维绞制的绳索是静力绳，如天然纤维材料制作的绳子大多属于静力绳，当然也包括部分人造纤维制作的绳子。

静力绳制作工艺要求：

（1）将纤维按 Z 捻向织成细线；

（2）再将若干细线按 S 捻向织成较粗的股；

（3）然后将若干股（三股、四股或八股）按 Z 捻向绞在一起成绳索。

如图 3–72 所示，为经三股合一的方式绞制而成的麻制静力绳，其麻质柔软而不失其韧性，手感柔顺，股路清晰。

图 3–72　三股麻绳结构示意图

2. 动力绳

动力绳的要求是：当静拉力为 80kg 时，其延展率不超过 10%。人造纤维材料制作的绳子大多属于动力绳。

动力绳制作工艺要求：

（1）用织机将尼龙纤维丝做成细线，一些细线按 Z 捻向制成，另外一些是按 S 捻向制成。

（2）再将上述细线扭拧成一圆股线，同样是按一定比例的具有 S 或 Z 捻向的缠绕。

（3）将这样一圆股线在线轴机上环绕，编织一层表皮。

（4）将织有表皮的圆股线用缠绕的方法（似同导线）制作成 32 股或 48 股的大圆股线（称 32 或 48 线轴数），当然也是按一定比例的具有 S 或 Z 捻向的缠绕。

（5）最后再在大圆股线外环绕、编织一层表皮，即外皮。

由于 S 和 Z 捻向的环绕很平衡，所以动力绳很不易自行缠绕和扭结。动力绳结构如图 3–73 所示。

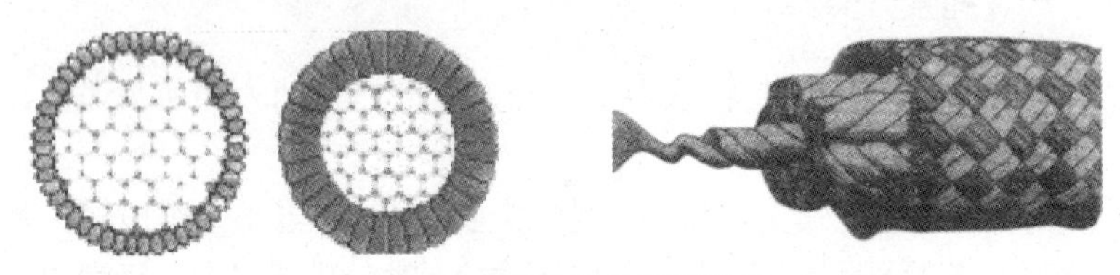

图 3–73　动力绳结构示意图

可见的外皮部分包裹并保护着绳索的内芯，外皮由许多组细丝构成，每一组由一个线轴织出。对于同样直径的绳索，线轴数多具有更好的动力延展性能，线轴数少具有更好的耐磨性能，因为它有更厚的外皮。从上面的叙述可以看出，所谓的线轴数就是指绳索表皮的薄厚程度；表皮薄的绳索线轴数大，表皮厚的绳索线轴数小。

动力绳的承重能力大部分来自绳芯，动力绳的承重性能可简单地描述为如一根铁丝。若一根铁丝的拉力是 100kg，当承重超过了它的额定值，就会突然的断裂。然而，将铁丝旋转做成弹簧，它就能够承受额定值，并且卸载后能复原。如果弹簧转的圈数越多，在它被断裂之前就能够更多次地承受额定载荷值。在多次拉伸后，弹簧就可能逐渐变形且不能还原了，动力绳制作工艺近似于弹簧，承载性能也是如此。

二、保护绳分类

保护绳在工程中也称安全绳，图 3–74 所示体现了保护绳在高处作业中的实用性。

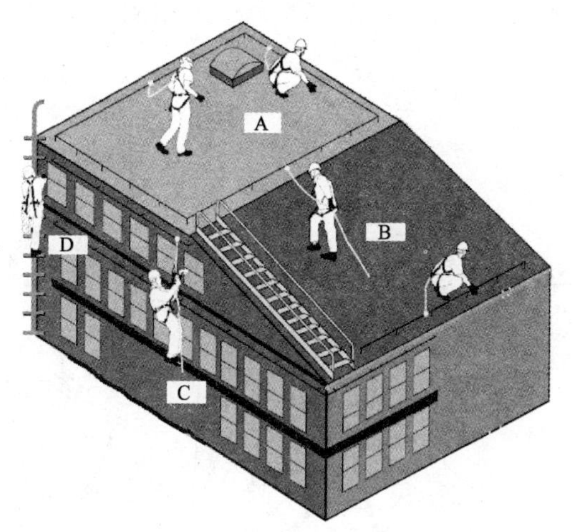

图 3–74　高处作业保护绳用途示意图

A—保护在高处平台作业人员；B—保护在高处斜面作业人员；
C—保护在高处立面（如外墙清洗）作业人员；D—保护从高处平台下移作业人员

高处作业用保护绳一般分为两类：一类是适用于固定作业位置的可调式保护绳，另一类是适用于高处作业悬挂用的不可调式保护绳。

1. 可调式保护绳

可调式保护绳绝大多数采用静力绳，其结构如图 3–75 所示。

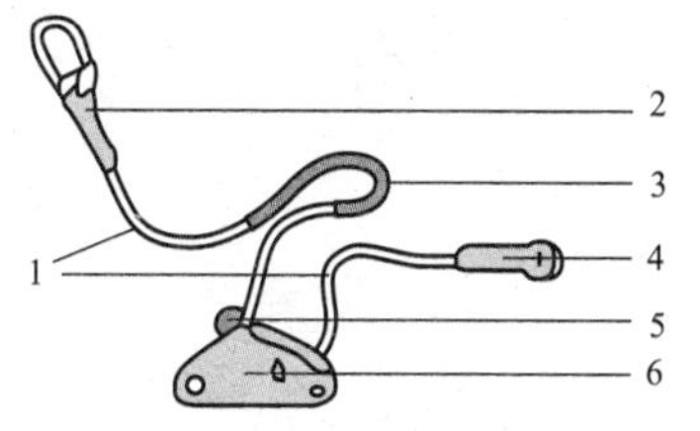

图 3–75　可调式保护绳结构示意图

1—绳（一般选用静力绳）；2—绳缝合环及连接器；3—滑动式耐磨保护套；
4—绳缝合环及终端；5—移动凸轮加可调手柄；6—调节器

可调式保护绳可用于固定工作位置和设置临时水平安全拉线等用途。

（1）固定工作位置。可调式保护绳是安全带和一个固定物之间的连接器材，通过它能方便高处作业者在防止坠落的情况下固定工作位置，电力作业用的围杆绳（或带）就是典型的一种，如图 3–76 所示，在高处斜面上作业时的工作位置固定。

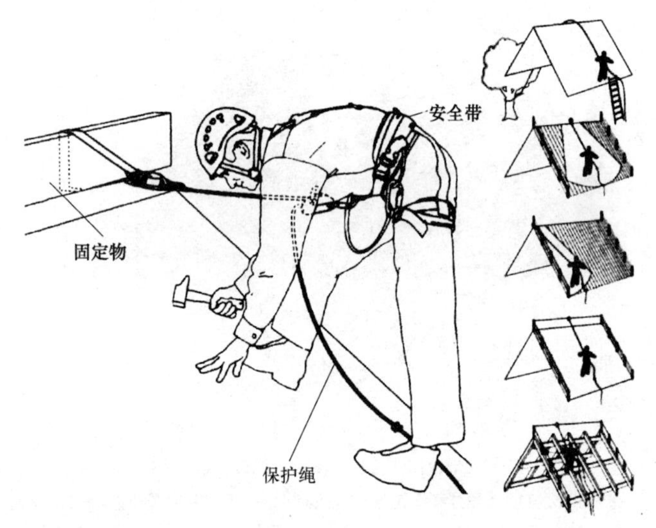

图 3–76　高处斜面作业时的工作位置固定示意图

使用可调式保护绳设立固定位置时应注意以下几点：

1）应确保滑动式耐磨保护套能正常移动，如图 3–77 所示。

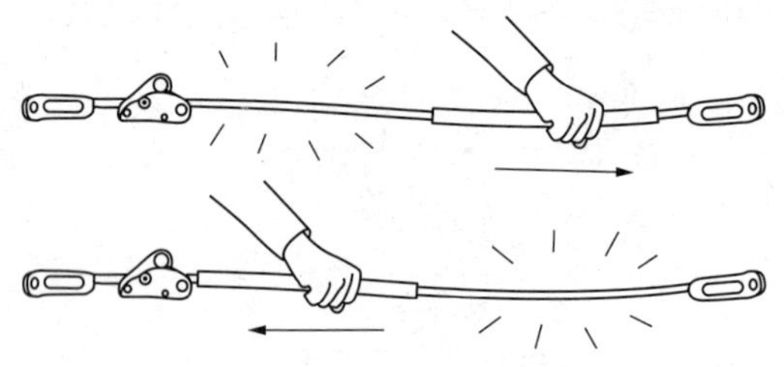

图 3–77　滑动式耐磨保护套正常移动示意图

2）应将滑动式耐磨保护套置于固定物上，以确保绳体不被磨损，如图 3–78 所示。

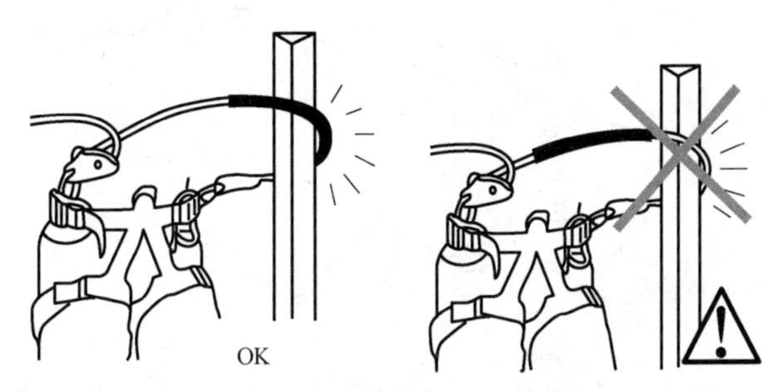

图 3–78 滑动式耐磨保护套置于固定物上示意图

3）使用时先将调节器扣在安全带腰带侧面的 D 形环上，把保护绳围绕固定物（滑动式耐磨保护套置于固定物上），再将保护绳末端扣入安全带腰带另一侧面的D形环上；拉扯调节器外侧的保护绳，可收紧保护绳；按住调节器，可放松保护绳；通过不断调节保护绳的长度，直到高处作业人员感觉作业位置舒适为止，到这里编者再次提醒一下，保护绳此处的应用在电力行业称为围杆绳，如图 3–79 所示。

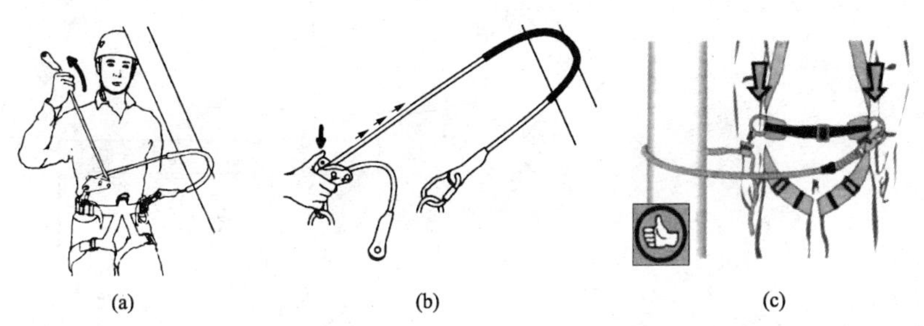

图 3–79 保护绳（围杆绳）松紧调节及固定示意图

（a）收紧保护绳；（b）放松保护绳；（c）固定位置

（2）设置临时水平安全拉线。可调式保护绳可根据实际情况设立一个灵活的水平安全拉线，如图 3–80 所示。

特别需强调的是：用可调式保护绳设立的水平安全拉线只能是临时性的，不可设为永久性水平拉线（永久性水平拉线应采用钢绞线或钢索）。

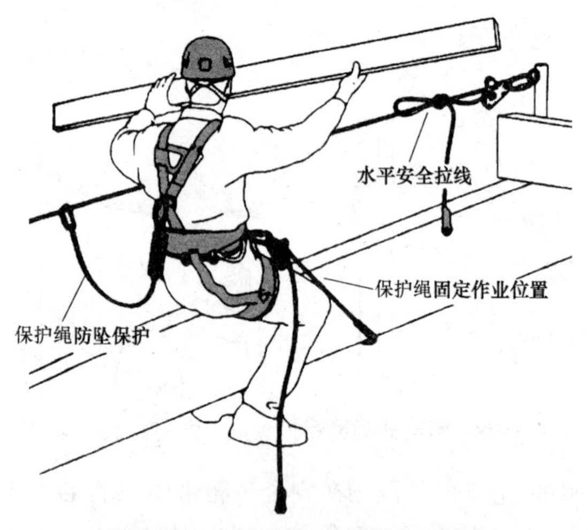

图 3–80 水平安全拉线应用示意图

可调式保护绳设立的水平安全拉线安装和使用时应注意以下几点：

1）水平安全拉线安装时，只可由一个作业人员用手去拉紧，不可用机械器具去拉紧，如图 3–81 所示。

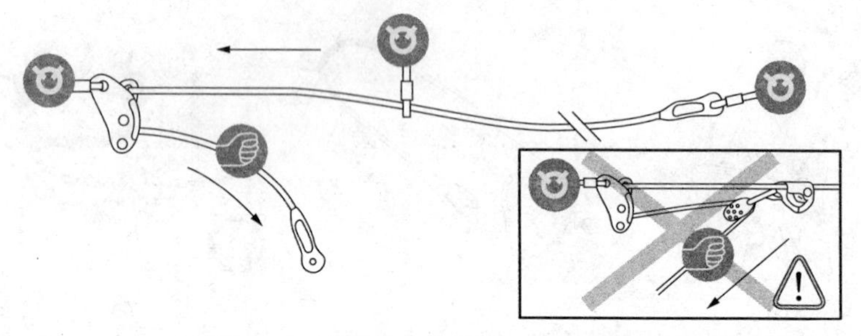

图 3–81 水平安全拉线手工安装示意图

2）每固定点之间（跨度）的最大安全长度（档距）应不大于 5m，多余绳索应盘整齐且收妥，如图 3–82 所示。

3）拉线最大坡度为 15°，如图 3–83 所示。

4）每一个绳索段（跨度）仅允许一个人使用，整条水平安全拉线最多可容纳两人同时使用，且不可悬挂作业工具，如图 3–84 所示。

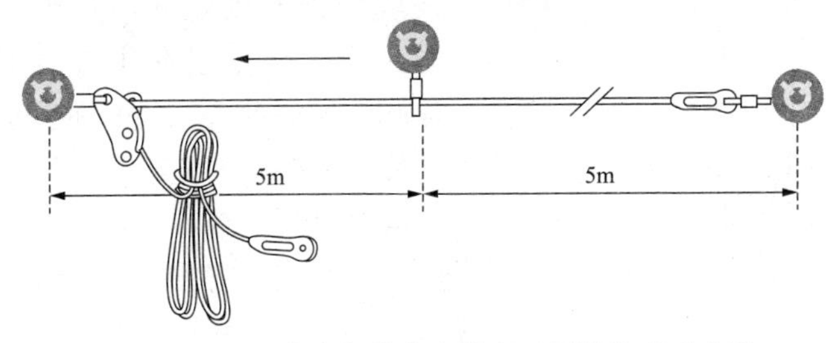

图 3–82　水平安全拉线安全档距及尾端处理示意图

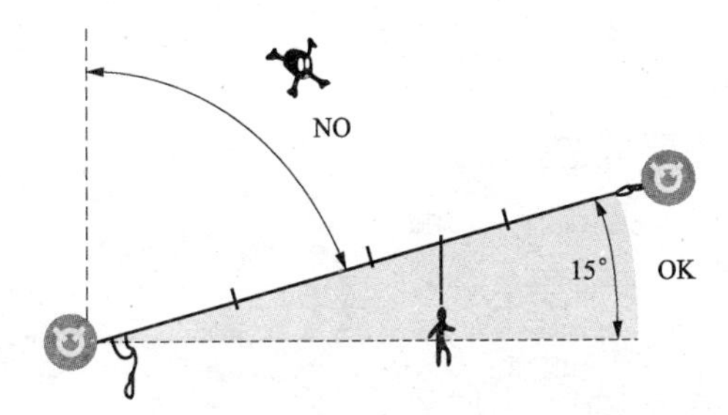

图 3–83　水平安全拉线最大坡度示意图

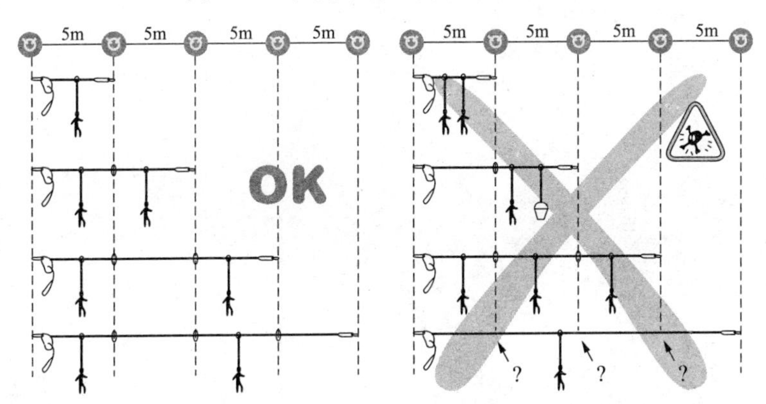

图 3–84　水平安全拉线安全使用要求示意图

2. 不可调式保护绳

当用一根绳索提物或牵引某物时，往往会将绳索的两头各系一个环结再使用，如图 3–85 所示。

若事先将绳索的两端用镶嵌（每绳股连续镶嵌 4 道以上）或缝合（用同种材料的细绳扎缝 50mm 以上的缝合长度）方式制成环结，

图 3-85　绳端环结示意图

且将镶嵌或缝合连接处热封并包以裹紧的塑胶防护套，保证绳在作业中不致磨损，结构如图 3-86 所示，这样的绳索称为不可调式保护绳（俗称安全绳），当然目前我们必须承认绝大多数的不可调式保护绳（安全绳）尚未配置防护套。工程作业时不可调式保护绳往往与连接器配套使用，且绝大多数采用动力绳，如图 3-86、图 3-87 所示。

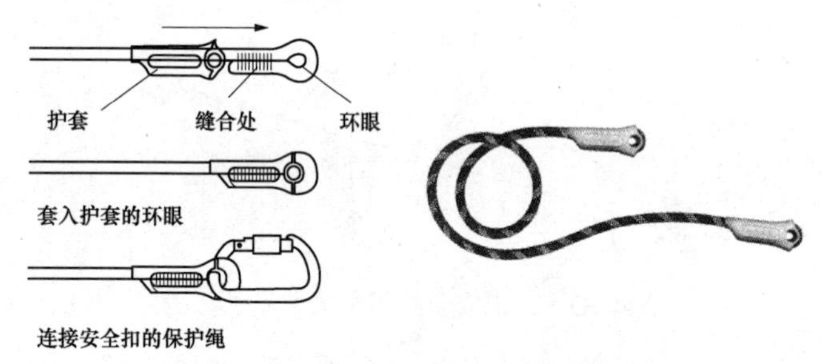

图 3-86　不可调式保护绳结构示意图

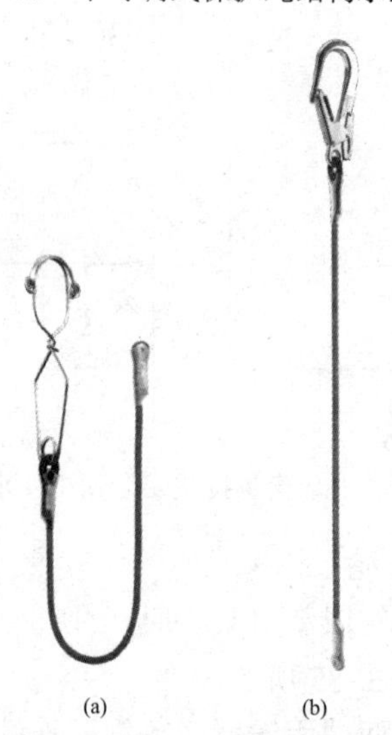

图 3-87　带挂钩的不可调式保护绳示意图

（a）带拍型挂钩的保护绳；（b）带通用型挂钩的保护绳

不可调式保护绳可用于限制作业者活动范围和保护作业者活动过程等用途。

（1）限制作业者活动范围。不可调式保护绳也是安全带和一个固定物之间的连接器材，将不可调式保护绳连接在某一固定点上，可将高处作业者的活动范围限制在以保护绳长度为半径的圆圈内，防止作业者从高处坠落，图 3–88 所示为不可调式保护绳用于限制高处平台上作业人员的活动范围。

（2）保护作业者活动过程。将不可调式保护绳的安全钩套在一水平安全绳上，既能使作业者沿水平安全绳移动，又通过水平安全绳防止作业者高处失足坠落，如图 3–89 所示，为不可调式保护绳用于防止高处作业平台上作业人员坠落。

图 3–88　利用不可调式保护绳限制活动范围示意图

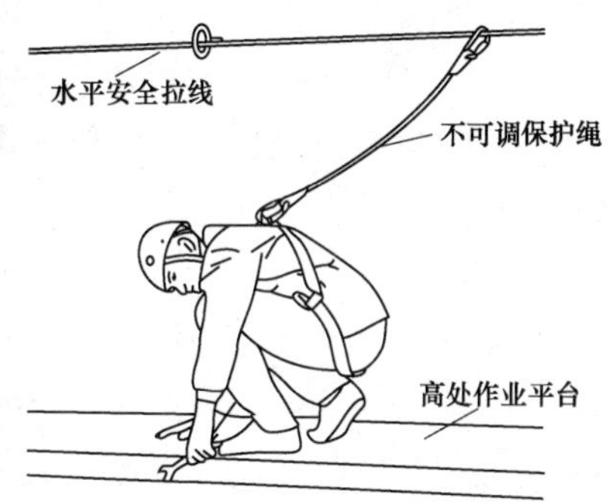

图 3–89　不可调式保护绳防止坠落示意图

三、保护绳技术要求

结合 GB 24543—2009《坠落防护　安全绳》的技术要求，保护绳的技术要求包括一般要求、适用温度、直径大小、静力延展率、静载荷性能、破断力、冲击性能、动力延展率、外皮滑动性、防切割性能、耐磨性能、冲坠性能、防水性能和使用有效期等要求。

（1）若保护绳为多股绳，则股数不应少于 3 股。

（2）绳头不应留有散丝；绳头编花前应经燎烫处理，编花后不能进行燎烫处理，编花部分应加保护套。

（3）绳末端若连接金属件，末端环眼处应设内衬支架。

（4）与绳体连接的零部件整体应顺滑，无材料或制造缺陷。

（5）适用温度。保护绳及附件的使用环境温度应能适用于–35～+50℃。

（6）直径。保护绳的直径不应小于12.5mm且不大于20.0mm，与保护绳生产方标称直径值对照，允许误差为±0.5mm。

（7）静力延展率。可调式保护绳承受80kg静载荷时，延展率不超过2%；不可调式保护绳承受80kg静载荷时，延展率不应小于1%且不大于10%。

（8）静载荷性能。围杆作业用及区域限制用保护绳在不小于10kN的静载荷作用下保持3min、坠落悬挂用保护绳在不小于15kN的静载荷作用下保持3min，应无肉眼可见的断股、变形等损坏现象。

（9）破断力。围杆作业用保护绳及区域限制用保护绳的整体破断力不应小于15kN，坠落悬挂用保护绳的整体破断力不应小于22kN。

（10）冲击性能（一般考核不可调式保护绳即与坠落悬挂安全带配套的安全绳）。保护绳在（–35±2）～（+50±2）℃范围内、干燥状态下，承受100kg载荷坠落时，冲击力应小于900kg；承受80kg载荷坠落时，冲击力应小于700kg。保护绳及附件经坠落、冲击动作后必须整体报废。

（11）动力延展率。仅考核不可调式保护绳，保护绳冲击后，延展率不超过40%。

（12）外皮滑动性：仅考核可调式保护绳（主要对象是围杆作业用安全绳），由于绳索外皮并非黏在绳芯上，所以会在使用过程中，外皮和绳芯之间发生位移；拉扯试验后，外皮和绳芯之间的相对位移量必须小于40mm。

（13）防切割性能。杆塔结构上的尖锐角钢边可能对承重保护绳的横向切割产生致命的后果。防切割性能要求保护绳悬挂一个80kg重物从一定高度落下，使保护绳抛向尖锐障碍物边缘，保护绳不应断裂（虽然耐切割性能测试不是所有保护绳都必须要通过的测试，但是通过此测试项目的保护绳却绝对是安全系数最高的保护绳）。

（14）耐磨性能。用10kg的重物系于保护绳的一端上，在旋转砂轮上纵向摩擦，直至保护绳的外层被磨损。保护绳被磨损的时间直接反映了保护绳的纵向耐磨损能力（此性能仅用于两根保护绳之间的性能对比，不单独考核。当然，一批保护绳中耐磨时间最长的，肯定也是最佳的）。

（15）冲坠性能。保护绳悬挂一个80kg重物从4.8m高度落下，使保护绳冲撞于一个横向放置的半径为10mm的物体边缘，保护绳应能承受连续5次的冲坠，每次间隔5min，保护绳不应断裂（冲坠性能是高品质保护绳的标志性试验参数）。

（16）防水性能。一般保护绳在被水浸湿后强度会降低20%以上，冬天若被雪水浸湿后再被冻硬，强度会大幅度下降，这对使用者来说是非常危险的。实践证明防水性能好的保护绳有以下明显优点：

1）不但防止水进入保护绳绳芯，而且被水浸湿后保护绳外网会很快变干；

2）保护绳浸水后质量变化很小；

3）保护绳浸水后很少会被冻硬；

4）保护绳具有更长的使用寿命。

目前，工程作业中应用的保护绳（安全绳）绝大多数均不防水，平时也未进行防潮处理。

意大利学者（Gigi Signoretti）2001年曾对湿态和结冰的保护绳强度，进行了详细的研究，结果如表3–3所示。

表3–3　　保护绳在干、湿和结冰情况下性能对比表

试样	标准保护绳	湿保护绳（水浸48h，常温）	结冰的干保护绳（水浸48h后，在–30℃冰冻至少48h，然后取出绳子测试）	湿后晾干的保护绳（水浸48h后按一般情况晾干）
冲坠性能	—	耐冲坠次数只有标准保护绳的1/3	耐冲坠次数只有标准保护绳的1/2	恢复到标准保护绳的情况
缓冲性能	—	缓冲有效性大大降低	缓冲有效性略有提高	

续表

主要结论	（1）湿保护绳的耐冲坠性能下降到只有最初值的30%； （2）保护绳浸水后伸长5%，这可能是缓冲有效性降低5%～10%的原因； （3）水的负面效应十分显著，即使是泼上水或短时间水浸泡影响也很大； （4）水的负面效应主要是水影响了尼龙绳的晶体结构； （5）水的负面效应是暂时的，一旦绳子干了之后则几乎完全恢复； （6）浸湿后再结冰的绳子性能有所降低，但没有湿绳那么严重
说明	1根好的、正常服役中的保护绳干的时候可以承受4～5次冲坠，但是湿的时候只能经受1～2次冲坠（比如突遇一场阵雨，这种情况在输电线路施工检修中经常遇到）；在冰雪活动时绳结冰情况比湿绳要好一些，但作业过程的气温变化更需要关注，一旦气温高于冰点，冰绳就很快变成湿绳

（17）使用有效期。保护绳出厂至应停止使用的有效年限为4年，保护绳开始使用至应停止使用的有效年限为3年。

四、保护绳试验与检验

保护绳的试验与检验主要包括保护绳试样制备和试验与检验要求。

1. 试样制备

试样制备主要包括试样的预处理和试样的截取。

（1）试样的预处理。原则上，试样应在实验室环境（15～30℃）中静置不少于6h；若手感试样较湿，可将静置时间延长至48h。

（2）试样的截取。可从保护绳的任一端截取试样，也可从保护绳的中部截取试样，但应采取必要的措施以避免试样的退捻。

2. 试验与检验要求

保护绳的试验与检验要求主要包括保护绳的直径测量、静力延展率测量、静载荷试验、破断力试验、冲击试验、动力延展率测量、外皮滑动性检验、防切割性能试验、冲坠试验和耐候性试验等试验方法与试验结果判断要求。

（1）直径测量。取一段保护绳，一端悬于试验架，另一端挂10kg重物；在500mm长度范围内任取3处正交测量直径，将所得的6组数据取平均值，即为试样的直径。

（2）静力延展率测量。取一段保护绳，一端悬于试验架，另一端自然下垂，用分辨力不大于1mm的钢卷尺，测量试样从悬挂点到下垂末端的长度L；然后将80kg重物挂在下垂的末端上，再用钢

卷尺测量试样从悬挂点到下垂末端的长度 L_1；最后按式（3–1）计算静力延展率

$$静力延展率=\frac{L_1-L}{L}\times 100\% \tag{3–1}$$

（3）静载荷试验。按图 3–90 所示连接，对保护绳做静载荷试验，加载速度不大于 100mm/min，围杆作业用及区域限制用保护绳施加的静载荷值达到 10kN 时、坠落悬挂用保护绳施加的静载荷值达到 15kN 时，保持时间为 3min；卸除载荷后，检查保护绳损坏情况，应无肉眼可见的断股、变形等损坏现象。

力　　力

图 3–90　保护绳静载荷试验示意图

（4）破断力试验：按图 3–90 所示连接，对保护绳做破断力试验；试验时，加载速度不大于 100mm/min；载荷从零开始施加至保护绳破断为止，围杆作业用保护绳及区域限制用保护绳的整体破断力不应小于 15kN，坠落悬挂用保护绳的整体破断力不应小于 22kN。

（5）冲击试验。取一段保护绳，一端连接传感器并通过传感器悬于试验架上，另一端挂 1 个 80kg 的重物；将重物提升 1m 且距地面 3m 以上，释放重物，重物自由坠落后，保护绳的冲击力应不大于 700kg。

（6）动力延展率测量。取一段保护绳，一端悬于试验架上，另一端自然下垂，用分辨力不大于 1mm 的钢卷尺，测量试样从悬挂点到下垂末端的长度 L；然后将 100kg 重物挂在下垂的末端上，将重物沿保护绳垂线方向提升 1m 且距地面 3m 以上，释放重物，重物自由坠落稳定后，再用钢卷尺，测量试样从悬挂点到下垂末端的长度 L_1；最后按式（3–1）进行计算，延展率不得超过 40%。

（7）外皮滑动性检验。绳子受到摩擦力时，外皮会沿绳芯滑动。测试时，取一段 2.2mm 长的保护绳，一端用手握住，另一端悬挂 45kg 的重物在一角钢的直角棱上摩擦拉动 5 次，拉扯后测量外皮和绳芯之间的相对位移量应小于 40mm，如图 3–91 所示。

（8）防切割性能试验。取一段保护绳，一端固定于试验架上，另一端悬挂 1 个 80kg 重物，将重物提升到如图 3–92 所示位置，让其自由落下，使保护绳抛向尖角半径 r=0.75mm、宽度为 20mm 的尖锐障碍物，试验后检查保护绳，保护绳不应断裂。

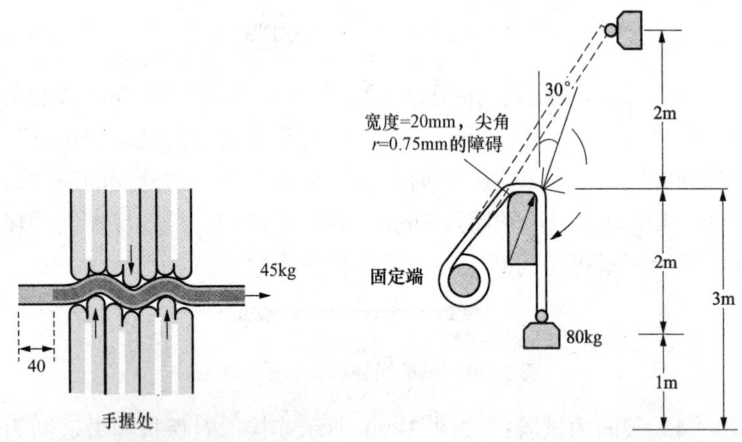

图 3–91　外皮滑动性检验示意图　　图 3–92　保护绳防切割性能试验示意图

（9）冲坠试验。取一段保护绳，一端固定于试验架上，另一端穿过障碍物（宽度为 100mm、孔下边缘半径为 10mm）悬挂一个 80kg 重物，如图 3–93 所示，将重物提升 2.3m，让重物落下，冲撞障碍

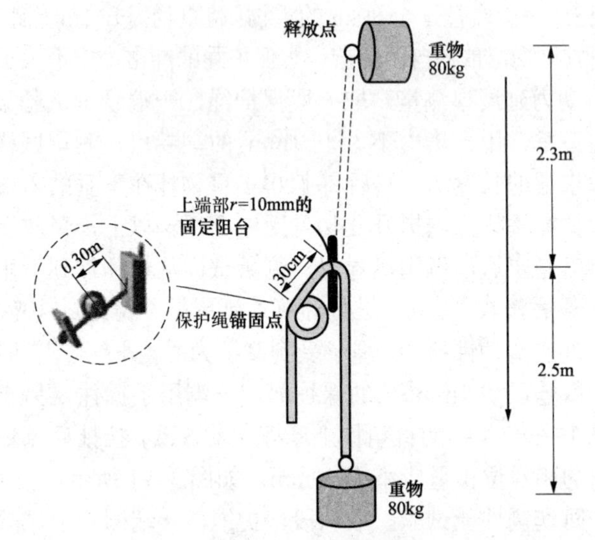

图 3–93　保护绳冲坠性能试验示意图

物，连续 5 次冲坠，每次间隔 5min，试验后保护绳不应断裂。

（10）耐候性试验。将两根保护绳分别放置于–35、+50℃恒温箱中静置 24h，从恒温箱取出后在 15min 内完成静载荷试验，并满足静载荷试验要求。

五、保护绳预防性试验要求

保护绳的预防性试验项目为外观检查和静负荷试验，试验周期为 12 个月。新购入以及满试验周期的保护绳应按批逐条进行预防性试验。

保护绳做静负荷试验的连接方式，如图 3–90 所示。将保护绳安装在试验机上，加载速度不应超过 100mm/min，加载至 2205N 后保持 5min。

卸载后，保护绳、末端环眼和调节装置等各部件应无撕裂和破断。

六、保护绳的保养

保护绳的保养要点：

（1）尽量不要将自己的专用保护绳借给他人用，也不要借他人的保护绳用，因为你对这条保护绳的“丰功伟业”可能不了解。每条保护绳都该有它自己的检验记录：每年预防性试验的结果，日常检验中外观有无异常的现象，是否有被拉过粗糙或尖锐物体的情况，有无被踩或压到过的经历，配套使用器材如扣、钩、环等表面有无磨损（它们会对保护绳造成损伤）的记载，及个人觉得重要的有关保护绳的一些事。这些记录可以掌握对手中保护绳的状况，也等于是每次登高作业的点滴记录。

（2）使用保护绳时，尽量不要让它接触地面，以减少砂石跑进绳子里的机会；更不要踩保护绳，就算仅穿袜子或光脚都不要踩。踩它会让一些肉眼不易看见的砂粒钻进保护绳，随着使用而慢慢地割断绳皮或绳芯纤维。因为绳子表面可能看不到伤痕，而里面的尼龙纤维却可能已经被割断。

（3）尽量避免将保护绳拉过粗糙或尖锐的物体（如杆塔上的角

钢），如此摩擦对保护绳的伤害很大。

（4）保护绳不要绑在杆塔上使用，不应将保护绳打结使用。也不准将钩直接挂在保护绳上使用，应挂在连接环上使用。

一条保护绳打了一个结就把保护绳的部分纤维破坏了，使得全根保护绳的纤维不均匀，就容易断股，所以保护绳打过的结越多就越不可靠，特别是人造纤维编织的保护绳。有资料曾介绍绳结对绳股纤维的破坏情况：牛眼结破坏率为 10%，串联结破坏率为 20%，系木结破坏率为 35%，双套结破坏率为 40%，平结、接绳结破坏率为 50%，单结破坏率为 55%，上述数据编者认为有些夸张，但绳结对绳股纤维的损伤倒是确实存在的。

所以若想练习如何系绳结，千万不要拿作业用的保护绳！

（5）每次使用后要检查保护绳。最好的检查工具就是手，手可敏感地触摸到保护绳上的异常处，如某处突然扁下去，和其他地方粗细感觉不同，或某一段特别松弛等。钩环、调节器这些直接接触保护绳的器材，也要检查。它们的表面如果有磨损或不正常的突起，会损坏保护绳。收工后，应采用不易产生扭结的方法捆绑保护绳；千万不可随意堆放并压上重物，如图 3–94 所示，这样对保护绳增加了受损机会。

图 3–94　保护绳随意堆放并压上重物示意图

（6）保护绳应定期清洗。把保护绳放在大盆中，用冷水和中性清洁剂（如肥皂）稍微浸泡一下，之后不断地搅拌，让保护绳各处都能洗到。特别脏的地方，用软刷轻轻地刷洗。多换几次水，确定所有清洁剂都冲掉了，再将它吊起来，置于阴凉通风处自然干燥。不能晒太阳或使用烘干机、吹风机等高温干燥的处置方法进行干燥。

（7）储存保护绳，不论时间长短，均应注意保管，以免保护绳变坏。不可储存于潮湿处所，储存前先将保护绳晾干，可能时，保护绳应储存于格架上，或用其他使空气能经绳盘流通的方法，绝对不可用塑料薄膜包裹覆盖保护绳。

七、温馨提醒（忠告）

温馨提醒：

当你使用保护绳时，请记住首要原则：检查，检查，再检查！

忠告：

不要在意保护绳的寿命，重在每次使用时多关注它。

坚决扔掉承受过坠落的、起鼓的或内凹的保护绳。

第四节　连接器应用技术及检验要求

连接器是一种连接两个或两个以上防护器材的承力件，是高处作业防坠落安全系统所必需的连接工具。下面将分别介绍连接器结构与材料、连接器质量与检验要求和连接器的使用要求。

一、连接器结构与材料

连接器的种类繁多，一般可分成安全扣、挂钩及快挂三大类。

1. 安全扣

安全扣是一种连接两个或两个以上防护器材且能除螺旋形安全扣以外，其余安全扣必须经过两次及以上的手动操作才能开锁的承力件。安全扣的品种较多，具有不同的形状、不同的大小、不同的上锁系统和相应的用途。按结构形状来分，有梨形扣、D 形扣和半圆形扣三种，如图 3–95 所示；按功能可分为手动螺旋型安全扣和自动上锁型安全扣。

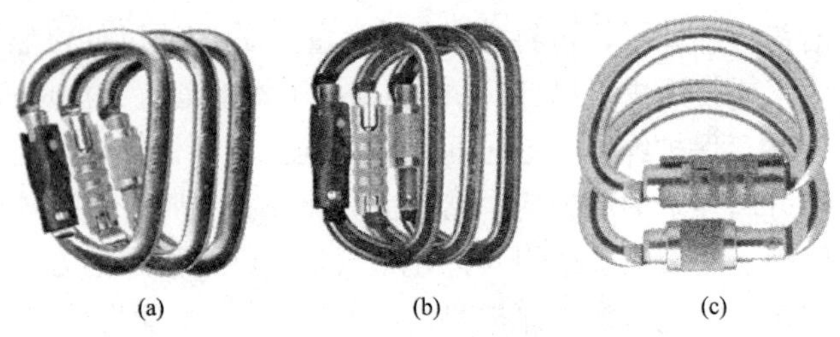

图 3–95 安全扣结构示意图

（a）梨形扣；（b）D 形扣；（c）半圆形扣

（1）手动螺旋型安全扣。手动螺旋型安全扣需要使用者手动开合开关闸，一般在无需经常开启安全扣的场合、泥泞或有冰雪的较肮脏环境中使用。手动螺旋型安全扣结构图如图 3–96 所示。

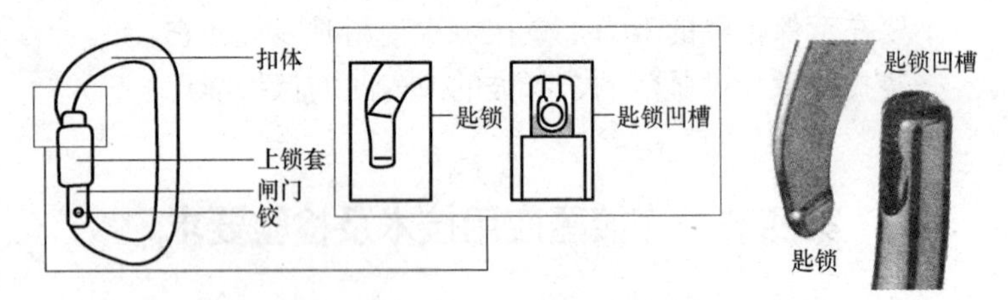

图 3–96 手动螺旋型安全扣结构图

手动螺旋型安全扣通过旋转上锁套，开启或闭合安全扣闸门，如图 3–97 所示。

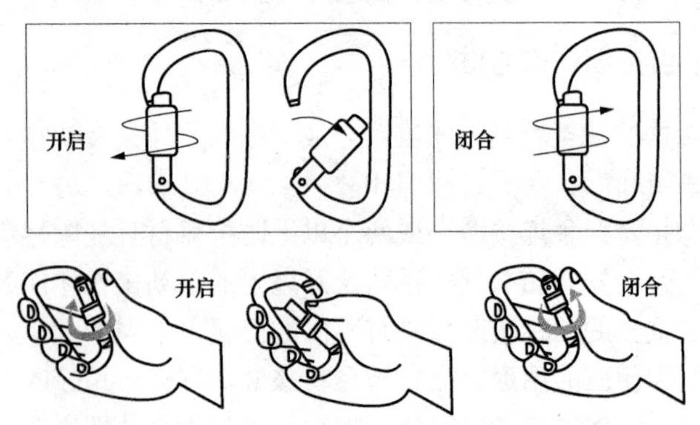

图 3–97 手动螺旋型安全扣开合操作示意图

手动螺旋型安全扣有钢制和铝合金制造两种，几何尺寸、功能基本一致，但铝合金安全扣的质量仅为钢制安全扣的 1/3。一只高品质的手动螺旋型安全扣除了采用高强度铝合金锻压工艺制造外，更人性化的设计是有一明显的红色安全警告标识环，当看到红色环时，表示安全扣尚未锁紧，处于不安全状态，如图 3–98 所示。

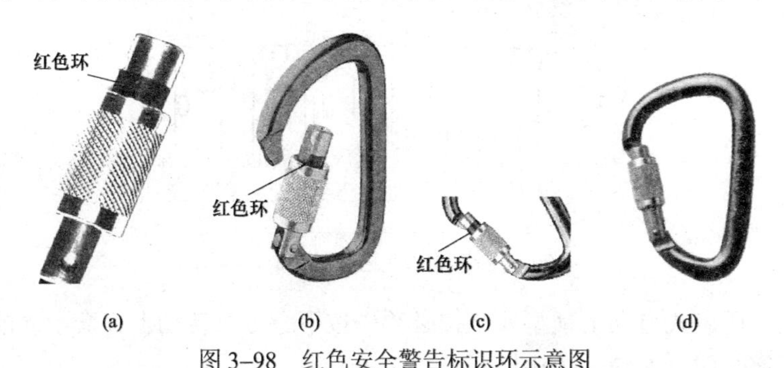

图 3–98　红色安全警告标识环示意图

（a）红色环；（b）闸门开启状态；（c）上锁套未锁紧状态；（d）上锁套锁紧状态

特别强调：手动螺旋型安全扣必须在闸门关闭和上锁的情况下使用，如果上锁套没锁紧，会有红色显示。要锁上安全扣，必须锁紧上锁套以免闸门打开，如图 3–99 所示。当然，不可否认的是，目前市场上仍有绝大多数安全扣无红色安全警告标识环。建议生产方在安全扣上加印红色安全警告标识环，建议使用方积极选用有红色安全警告标识环的安全扣，因为在安全扣上加印红色安全警告标识环增加的成本，也许能挽救一名高处作业者的生命。

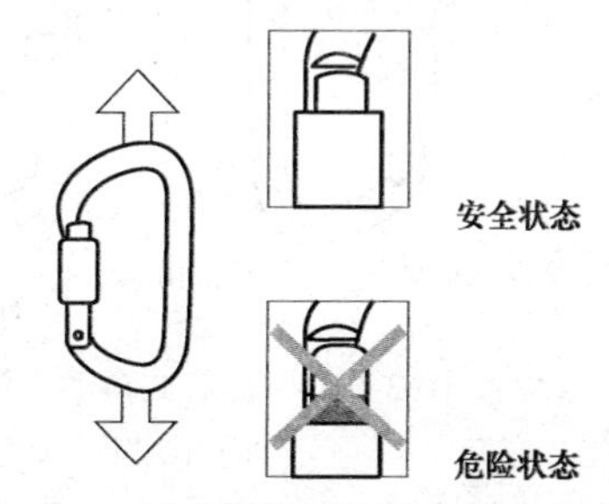

图 3–99　手动螺旋型安全扣操作要求图

作业时因振动或摩擦可能会使上锁套松动，因此，高处作业时应关注、检查闸门是否安全地闭合；如果安全扣的闸门打开的话，承力能力将会大大减弱，安全扣在闭合时及以主轴承重时的受力是最大的；安全扣必须能活动自如和不受干扰；任何限制或外部压力都是危险的、不可取的。

（2）自动上锁型安全扣。自动上锁型安全扣开关闸能自动锁上，有压旋式自动上锁型安全扣和推旋式自动上锁型安全扣两种结构形式，一般用于经常需要开启安全扣的场合。

1）压旋式自动上锁型安全扣，其结构图如图 3–100 所示。

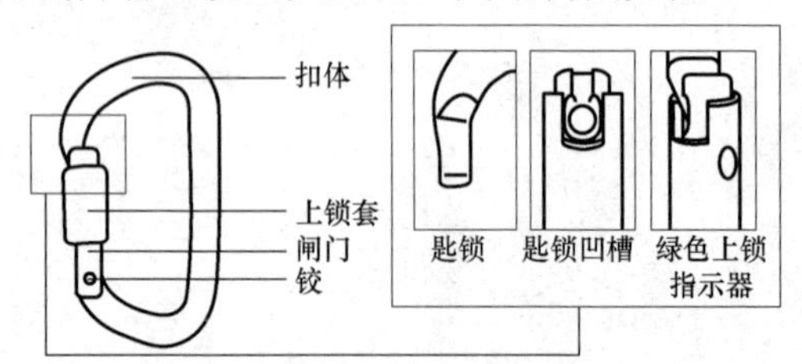

图 3–100　压旋式自动上锁型安全扣结构图

压旋式自动上锁型安全扣必须先按下绿点再转动上锁套，才能开启闸门，如图 3–101 所示。

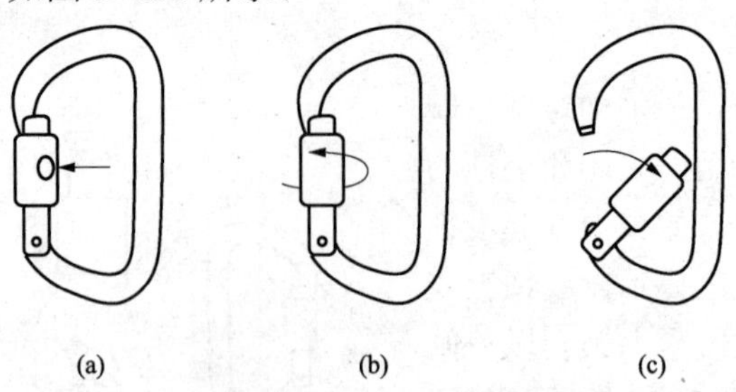

图 3–101　压旋式自动上锁型安全扣开启操作示意图

（a）压按钮；（b）旋锁套；（c）推闸门

请记住：使用中见到绿色安全警告标识点，表示安全扣已锁紧，安全扣处于可靠工作状态，如图 3–102 所示。

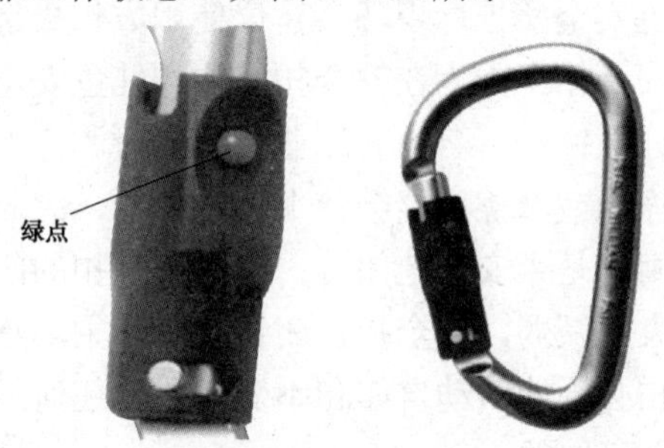

图 3–102　绿色安全警告标识点示意图

2）推旋式自动上锁型安全扣，其结构图如图 3–103 所示。

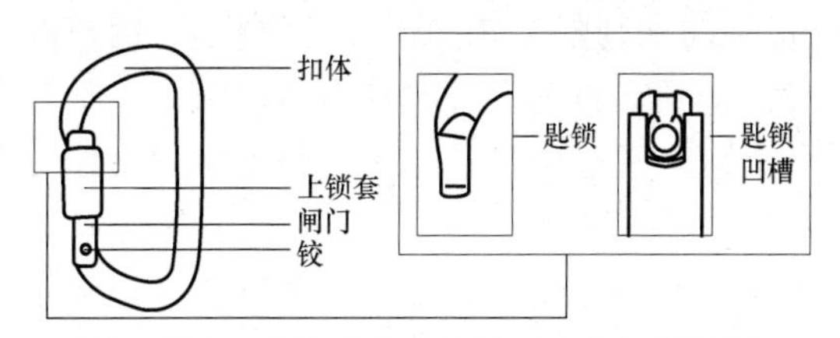

图 3–103　推旋式自动上锁型安全扣结构图

推旋式自动上锁型安全扣必须先上推再转动上锁套，才能开启闸门，如图 3–104 所示。

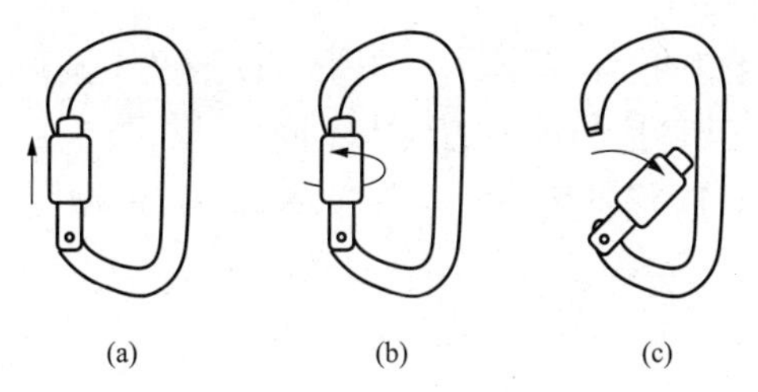

图 3–104　推旋式自动上锁型安全扣开启操作示意图

（a）上推锁套；（b）再旋锁套；（c）推闸门

推旋式自动上锁型安全扣若扣上物件，安全扣就会自动安置在一个理想的工作轴心。因此，使用前应关注推旋式自动上锁型安全扣的匙孔系统，确保扣体与闸门之间无异物绊缠（如夹着绳索、安全带等），让作业中的安全扣处于可靠工作状态，如图 3–105 所示。

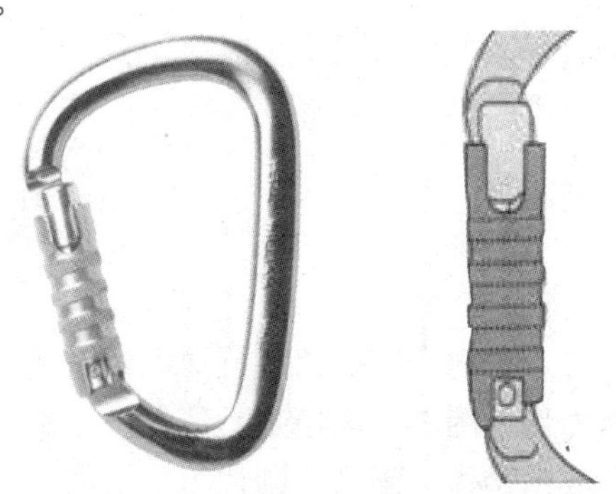

图 3–105　推旋式自动上锁型安全扣示意图

自动上锁型安全扣以高强度锻铝合金为主材料（占 90%～95%），配一定量的钢制附件（如销柱、弹簧、扭簧等），属高端连接器，具有使用简便、自动上锁的特点，就算戴上手套也可用单手操作；其独特的两步骤解锁设计，大大降低了误操作概率，增强了安全性。

自动上锁型安全扣独特的自动上锁设计，增加了安全扣的零件数量，提高了零件的制作精度，增加了制作成本。且自动上锁型安全扣最好勿在肮脏的环境中使用，因这种环境里的污物（如泥、沙、油、冰及污水等）均会妨碍自动上锁系统的操作。往往会导致自动上锁系统无法可靠运作。

（3）安全扣的连接及承力。梨形、D 形及半圆形等不同结构形状的安全扣，其连接与承力的要求不同。

1）梨形、D 形安全扣，其连接及承力应遵循图 3–106 所示的方式。

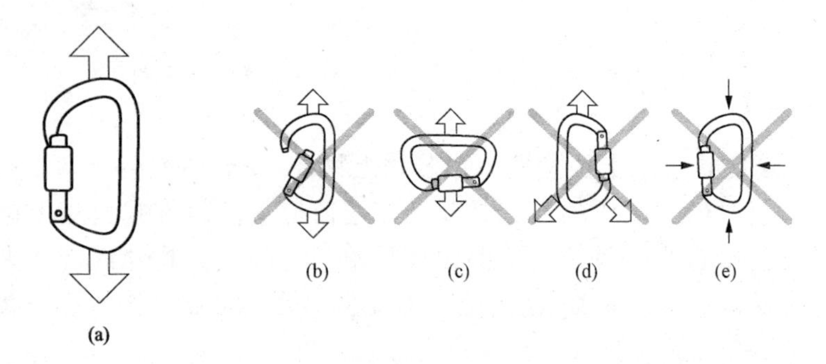

图 3–106　梨形、D 形安全扣连接及承力示意图

（a）正确；（b）闸门开启承力；（c）短轴方向承力；（d）三向承力；（e）环向受压

2）半圆形安全扣，其连接及承力应遵循图 3–107 所示的方式。

2. 挂钩

挂钩也是一种连接两个防护器材且必须经过两个步骤的联动操作才能开锁的承力件，图 3–108 所示是一种应用最广泛的通用型挂钩结构形状，主要由钩体、闸门及锁片组成。

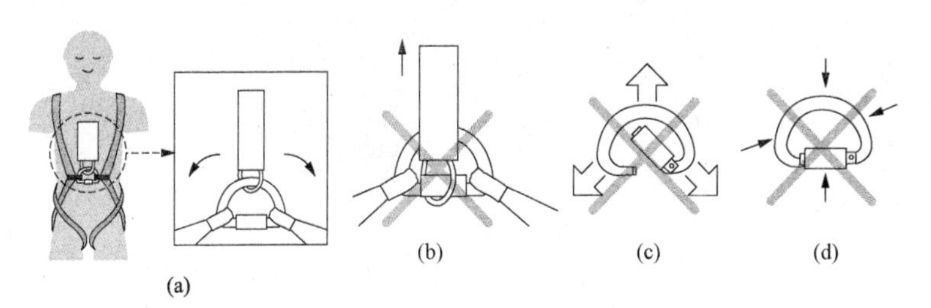

图 3–107　半圆形安全扣连接及承力示意图

（a）正确；（b）上锁套承力；（c）闸门开启承力；（d）环向受压

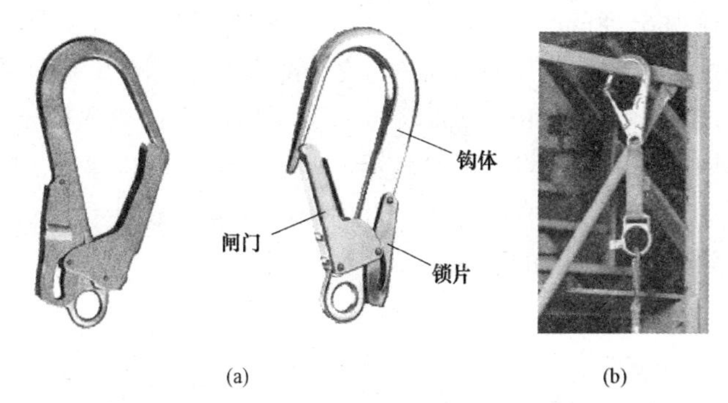

图 3–108　挂钩结构及使用示意图

（a）挂钩结构；（b）挂钩使用

钩体可采用钢制件，如采用锻压成型工艺生产的锻压钩体，其外观圆润、手感好、强度高，但成本较高；如采用冷冲压成型工艺生产的板型钩体，其结构简洁、强度高、成本低，但往往因工艺控制不够，造成钩体内外边缘锋利。如钩体的外边缘锋利，则容易伤及使用者；如钩体的内边缘锋利，则容易磨损连接的绳、带等器材。

高品质的钩体均选用高强度锻铝合金材料，采用热锻成型与时效处理的工艺生产，轻便耐用是其主要特性。

闸门一般采用钢或铝薄板，冷冲压成型。

通用型挂钩其开合的操作为：用拇指压下锁片后，随即用四指握紧闸门，此时闸门开启，可钩套固定点；松开握紧的手，挂钩即闭合，如图 3–109 所示。

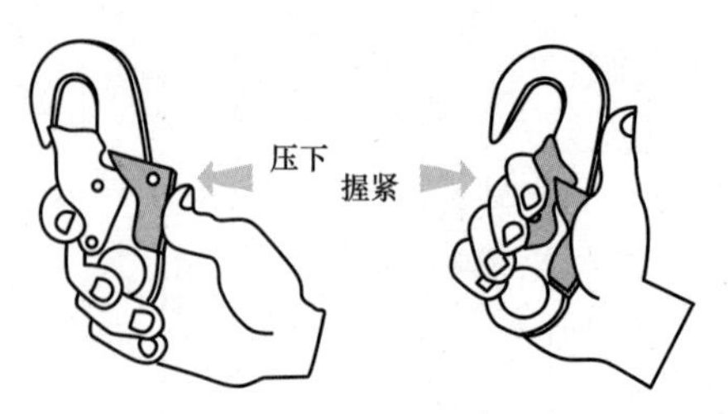

图 3–109　挂钩开合操作示意图

下面简述其他结构形式挂钩的特点。

（1）长拍型挂钩。长拍型挂钩的外形就像一把羽毛球拍，整体采用直径为 6～8mm 的不锈钢棒，冷弯成型，如图 3–110 所示。使用时通过连接环连接其他器材（如安全绳等），当用手握紧挂钩的握手部时，挂钩的闭合扣会脱离闭合扣环，打开挂环，套入固定点（长拍型挂钩适用的固定点一般是较粗的圆管）后松开握手部，挂钩的闭合扣会自动扣入闭合扣环内，此时悬挂的载荷只要不超过长拍型挂钩的额定值，挂钩的挂环将不会自行打开。

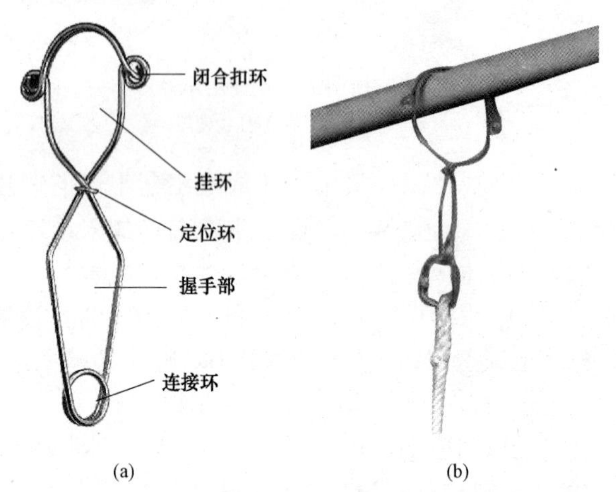

图 3–110　长拍型挂钩结构及使用示意图

（a）长拍型挂钩结构；（b）长拍型挂钩使用

（2）短拍型挂钩。短拍型挂钩的外形就像一块乒乓球拍，其钩体部件采用直径为 6～8mm 的不锈钢棒，冷弯成型，闸门和锁片均与通用型挂钩的类似，如图 3–111 所示。使用时通过连接环连接其他器材（如安全绳等），用手的虎口部压下锁片后，随即用四指握紧闸门，此时闸门开启，钩套固定点（短拍型挂钩适用的固定点与长拍型挂钩相同）后松开握紧的手，挂钩即能自动闭合。

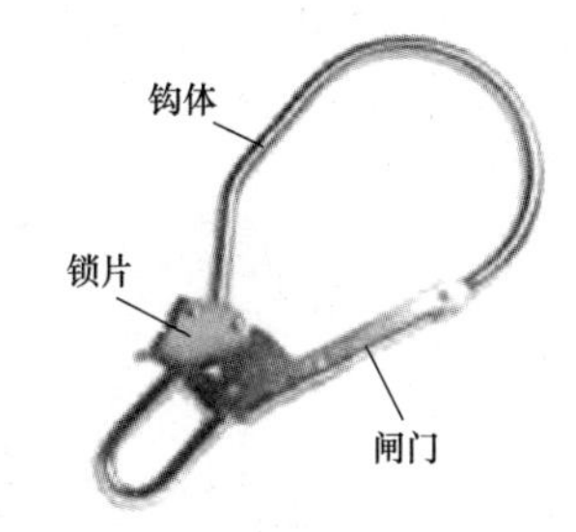

图 3–111　短拍型挂钩结构示意图

（3）镰刀型挂钩。镰刀型挂钩的外形像一把镰刀，其钩体和接续杆采用直径不小于 20mm 的高强度铝合金棒材，采用热锻成型与时效处理的工艺生产；钩体部位锻成扁椭圆或扁板形，接续杆位保持原高强度铝合金棒材的外径尺寸；在接续杆端部设计安装了一个锁紧套，可接续延长杆或绝缘杆。简洁轻便、可接续延长是镰刀型挂钩的主要特性，如图 3–112 所示。

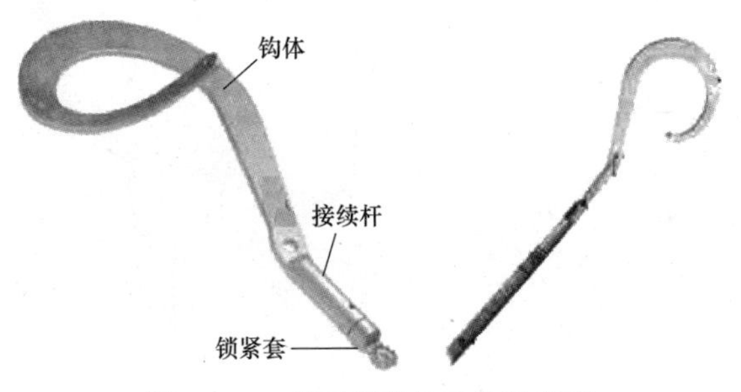

图 3–112　镰刀型挂钩结构示意图

（4）自动上锁型挂钩。自动上锁型挂钩的锁紧设计与自动上锁型安全扣完全一致，所不同的是其外形呈钩体状。钩体采用高强度锻铝合金材料，以热整锻、机加工和时效处理工艺生产，配一定量的钢制附件（如销柱、弹簧、扭簧等），与自动上锁型安全扣相比其设计安装了一个万向节连接环，可方便地与其他器材连接，如图 3–113 所示，属高端挂钩，其他性能特点与自动上锁型安全扣基本相同。

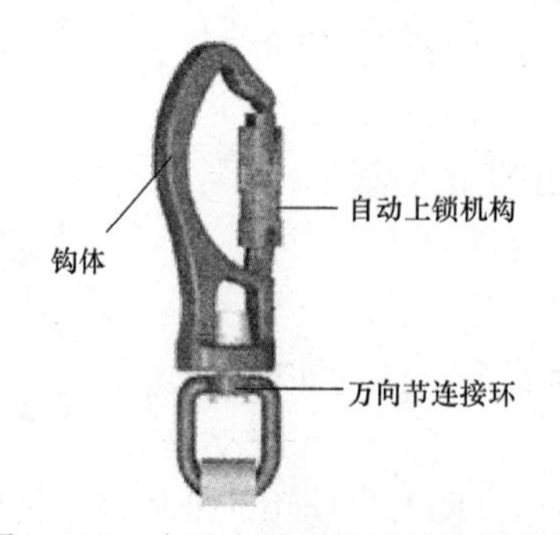

图 3–113　自动上锁型挂钩结构示意图

3. 快挂

快挂是一种快速连接两个防护器材的承力件，其仅需一个操作动作就能开合闸门，如图 3–114 所示。

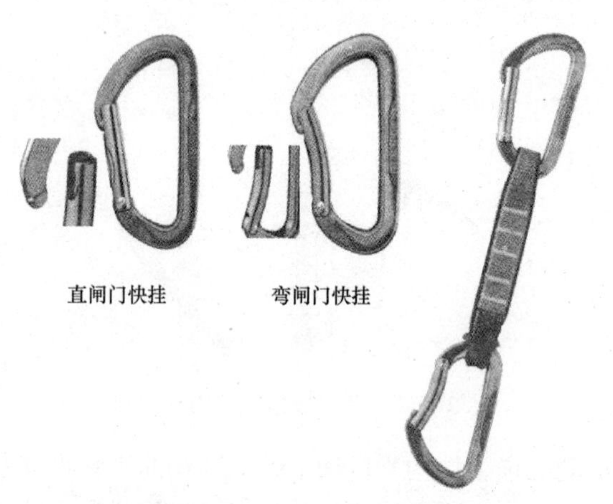

图 3–114　快挂结构示意图

快挂通常采用高强度铝合金材料，采用热整锻与时效处理工艺生产，一般多用于需频繁开启、闭合的场所（如户外攀岩、登山等运动），如图 3–115 所示。高处作业时仅用快挂套绳索或挂一些小型器具，切记：不可用快挂连接安全带等承重类器材！

图 3–115　快挂应用示意图

二、连接器质量与检验要求

连接器虽小，但其质量与检验要求却事关重大，不可忽视。

1. 连接器性能标识

一只高品质的连接器其本体上均有性能标识。

（1）某 D 形安全扣扣体上的性能标识，如图 3–116 所示。

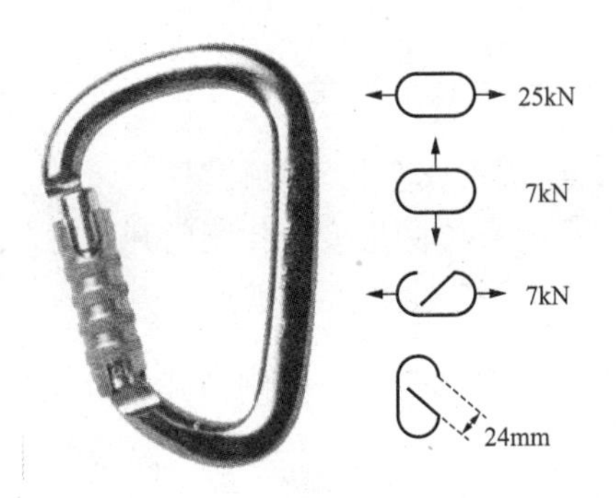

图 3–116　某 D 形安全扣性能标识示意图

其性能标识的含义如下：

“25kN”——安全扣闸门闭合时，当长轴方向承受 25kN 的载荷时，安全扣应不破裂；

“7kN”——安全扣闸门闭合时，当短轴方向承受 7kN

的载荷时，安全扣应不破裂；

“7kN”——安全扣闸门开启时，当长轴方向承受 7kN 的载荷时，安全扣应不破裂；

“24mm”——安全扣闸门开启时，安全扣扣体开口宽度为 24mm。

（2）某半圆形安全扣扣体上的性能标识，如图 3–117 所示。

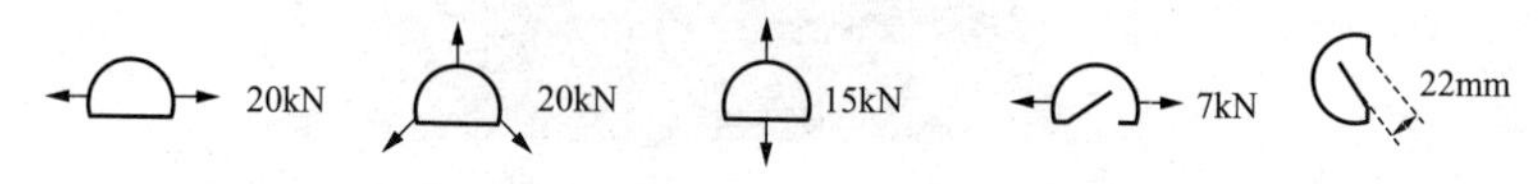

图 3–117　某半圆形安全扣性能标识示意图

其性能标识的含义如下：

“20kN”——半圆形安全扣闸门闭合时，当长轴方向承受 20kN 的载荷时，半圆形安全扣不应破裂；

“20kN”——半圆形安全扣闸门闭合时，当三角方向承受 20kN 的载荷时，半圆形安全扣不应破裂；

“15kN”——半圆形安全扣闸门闭合时，当短轴方向承受 15kN 的载荷时，半圆形安全扣不应破裂；

“7kN”——半圆形安全扣闸门开启时，当长轴方向承受 7kN 的载荷时，半圆形安全扣不应破裂；

“22mm”——半圆形安全扣闸门开启时，半圆形安全扣扣体开口宽度为 22mm。

2. 连接器的质量要求

连接器的质量要求包括工艺、材料、防腐性、外观、操作灵活性、静载荷性能、破坏载荷性能、闸门耐压性能、抗跌落性及耐候性等要求。

（1）工艺及材料。连接器的工艺及材料要求如下。

1）连接器应采用整锻方式制造（拍型挂钩除外）。

2）连接器的扣体、钩体、闸门、锁套及锁片等部件宜采用符合 GB/T 3190《变形铝及铝合金化学成分》的相关规定且屈服强度不低于 300MPa 的锻铝材料；也可采用符合 GB/T 700《碳素结构钢》和 GB/T 1591《低合金高强度结构钢》的相关规定且屈服强度不低于 300MPa 的材料。

3）连接器中各类轴、销等部件应进行调质处理，硬度 HRC（35～45）。

（2）防腐性。连接器的金属表面应采取合适有效的方法进行防腐处理。

（3）外观。连接器应无棱角、毛刺，不得有裂纹、明显压痕和划伤等缺陷，其边缘应呈弧形且顺滑，应有明显的性能标识。

（4）操作灵活性。连接器应操作灵活，扣体钩舌和闸门的咬口应完整，两者不应偏斜，并设有保险装置，连接器应经过两次及以上的手动操作才能开锁。

（5）静载荷性能。连接器在闸门闭合状态下，承受不小于 15kN 的静载荷，保持 5min，应无肉眼可见的变形或损坏。

（6）破坏载荷性能。对称型连接器（半圆形安全扣）和非对称型连接器（梨形、D 形安全扣、挂钩、快挂等），在闸门闭合状态和开启状态下破坏载荷性能的要求不同。

1）对称型连接器（半圆形安全扣）在闸门闭合状态下，长轴方向的破断力不应小于 20kN，对称三角方向的破断力不应小于 20kN，短轴方向的破断力不应小于 15kN；在闸门开启状态下，长轴方向的破断力不应小于 7kN。

2）非对称型连接器（梨形、D 形安全扣、挂钩、快挂等）在闸门闭合状态下，长轴方向的破断力不应小于 22kN，短轴方向的破断力不应小于 7kN；在闸门开启状态下，长轴方向的破断力不应小于 7kN。

3）连接器闸门闭合状态下长轴方向静拉力试验。

a. 试验准备。试验准备中应注意试验栓、夹具及接触点的润滑等要求。

a）连接器拉力试验时使用的试验栓应有足够的硬度、表面粗糙度以及适当的截面形状，以保证试验栓和试样接触时不发生旋转或脱离；

b）试验栓和试样之间的接触点应使用润滑油进行润滑；

c）试验夹具应能防止试验栓转动，以便试样在受力的条件下能在试验栓上固定。

b. 试验过程。在连接器闸门闭合的状态下，沿试样长轴方向施加拉力来测量其长轴方向上的破断力，如图 3–118 所示。试验过程中，拉力机的拉伸速度为（30±5）mm/min。

4）连接器闸门开启状态长轴方向静拉力试验，其试验准备与试验过程同连接器闸门闭合状态下长轴方向静拉力试验。在连接器闸门开启的状态下，沿试样长轴方向施加拉力测量其长轴方向上的破断力，如图 3–119 所示。

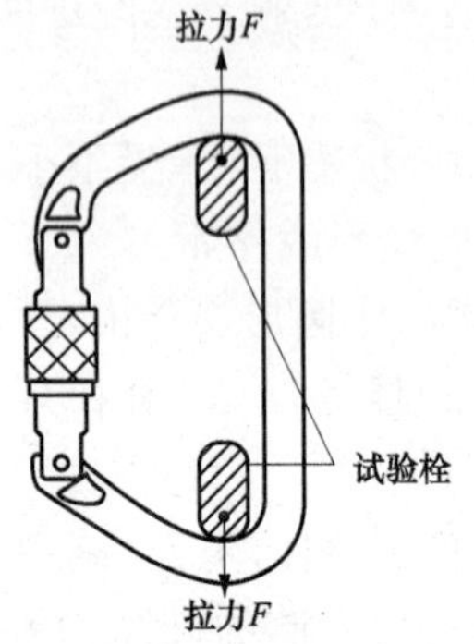

图 3–118　连接器闸门闭合状态长轴方向破断力试验示意图

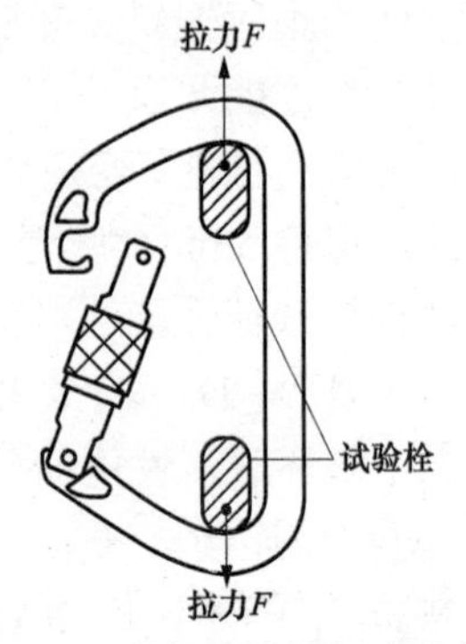

图 3–119　连接器闸门开启状态长轴方向破断力试验示意图

（7）闸门耐压性能。闸门耐压性能为高品质连接器的标志性试验项目，主要有闸门正面耐压和闸门侧面耐压两种试验项目。

1）闸门正面耐压。将闸门闭合状态下的连接器，安置在试验台上，用截面为 10mm×10mm 的方块，压在连接器闸门正面且靠近匙锁处，试验布置如图 3–120 所示，施加载荷的方式及试验结果判断要求如下：

a. 载荷增加至 1.0kN，载荷卸除后，闸门应无变形，应能正常操作；

b. 载荷增加至 16kN，闸门不应破断。

2）闸门侧面耐压。将闸门闭合状态下的连接器，安置在试验台上，用截面为 10mm×10mm 的方块，压在连接器闸门侧面且靠近匙锁处，试验布置如图 3–121 所示，施加载荷的方式及试验结果判断要求如下：

a. 载荷增加至 1.6kN，载荷卸除后，闸门应无变形，应能正常操作；

b. 载荷增加至 16kN，闸门不应破断。

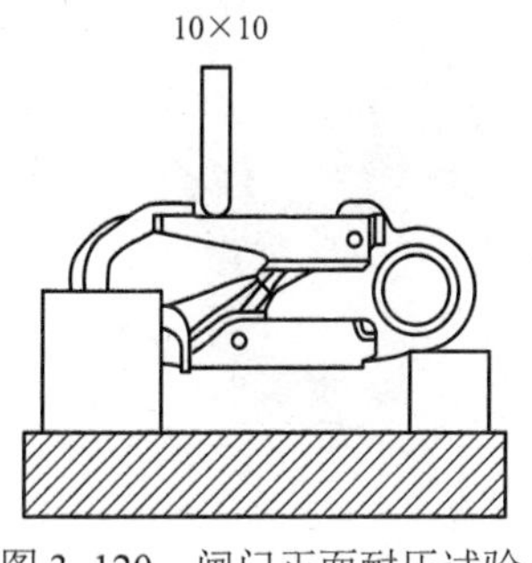

图 3–120　闸门正面耐压试验布置示意图

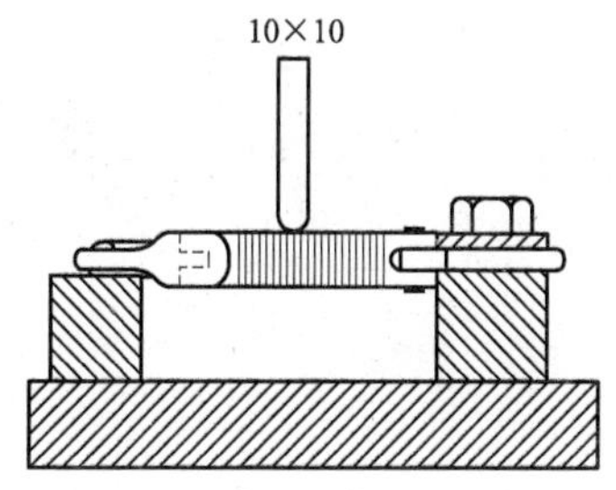

图 3–121　闸门侧面耐压试验布置示意图

（8）抗跌落性。将连接器从距离水泥地面 1m 高处，自由跌落后，应能通过静载荷性能、破坏载荷性能及闸门耐压性能的试验要求。

（9）耐候性。将连接器分别放置于–35、+50℃恒温箱中静置 24h，从恒温箱取出后在 15min 内，应能满足静载荷性能、破坏载荷性能及闸门耐压性能的试验要求。

3. 连接器的新技术发展

连接器本体（扣体、钩体等）的横截面一般为圆形或椭圆形，近年随着新材料的应用、生产工艺的改进，出现了一些用挤压铸造（也称“液态模锻”）工艺生产的连接器。挤压铸造是对进入铸型型腔内的液—固态（所谓液—固态是指物质的状态既是液态又呈固态，处于液态与固态之间；就像夏天湖边荷叶上滚动的露珠，是水又有形）铝合金施加较高的机械压力，使其成型和凝固，从而获得铸件的一种工艺。挤压铸造在功能上有别于其他方法的最大特点是实现了“低速充型、高机械压力补缩”。其铸件组织致密，可防止气孔、缩松、裂纹产生，使晶粒细化，可进行淬火热处理。力学性能可接近同种合金锻件水平。生产的铸件最好为结构对称体的连接器；用挤压铸造工艺生产的连接器，还可以按连接器的实际受力分布，在本体上铸出对应的加强筋，如图 3–122 所示。

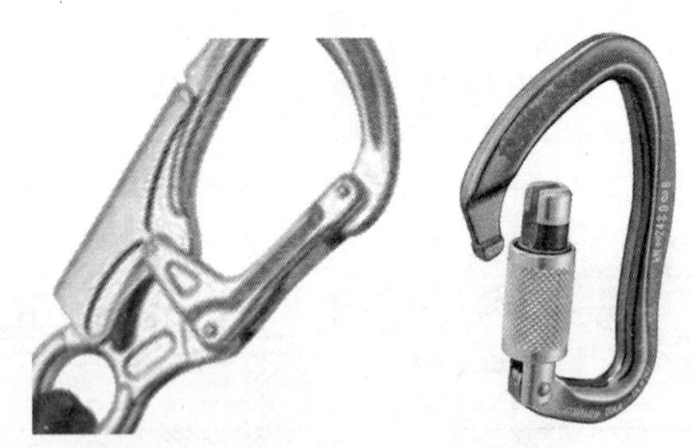

图 3–122　挤压铸造工艺生产的连接器实物图

三、连接器使用时常见的错误

要使连接器充分发挥其安全防护作用，应正确掌握连接器的使用方法，并注意防范平时在使用连接器中的常见错误，以杜绝高处坠落事故的发生。

图 3–123　连接器使用时闸门未闭合示意图

（1）连接器使用时闸门未闭合，如图 3–123 所示。这是极其危险的行为，就曾有高处作业人员因连接器闸门未闭合，在作业过程中安全绳脱出，而发生不慎坠落死亡的事故。

（2）连接器在使用中横向弯曲受力，如图 3–124 所示。连接器设计的最佳受力方向为长轴方向，横向弯曲易造成闸门变形或匙锁脱离匙锁凹槽。

图 3–124　连接器使用时呈横向弯曲受力状态示意图

（3）连接器钩体端部（靠近闸门附近）承受横向力，如图 3–125 所示。此种情况易造成连接器钩体开口，酿成脱扣的严重事故。

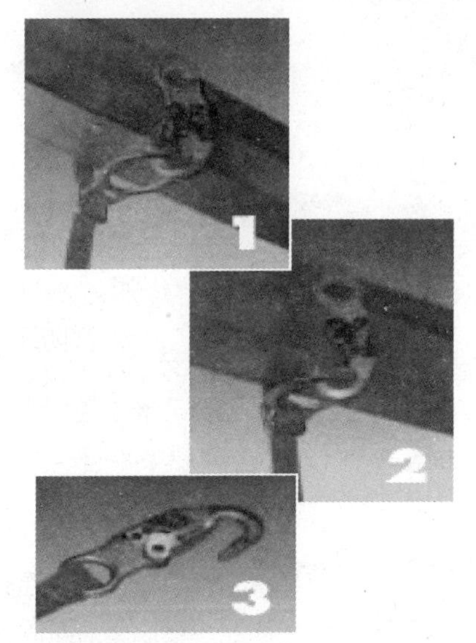

图 3–125　连接器使用时钩体端部承受横向力示意图

四、连接器典型不良产品案例

在连接器的试验和使用中，发现了以下连接器典型不良产品案例。

（1）如图 3–126 所示，在安全绳的静载荷试验中，仅承受额定负荷的 50%～60%时，连接器的金属就撕开。经对连接器的材质分析，发现连接器均采用低牌号钢材制作。

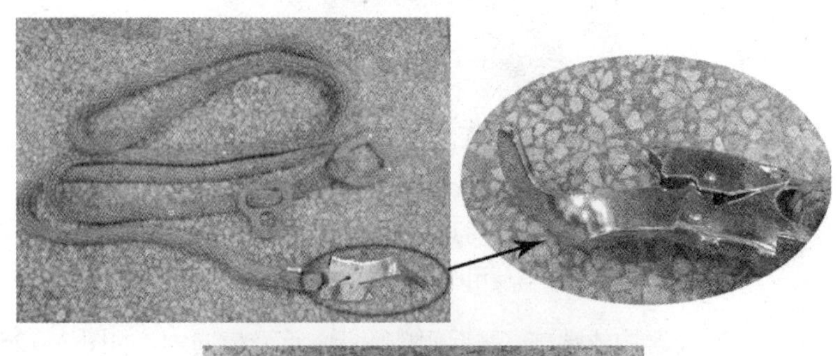

图 3–126 采用低牌号钢材制作的连接器

（2）如图 3–127 所示，在进行安全带的坠落试验中，连接器发生了断裂。经对连接器的材质分析，发现连接器采用杂钢（市场上称为地条钢）制作，这种材料制作的连接器不能承受冲击负荷。

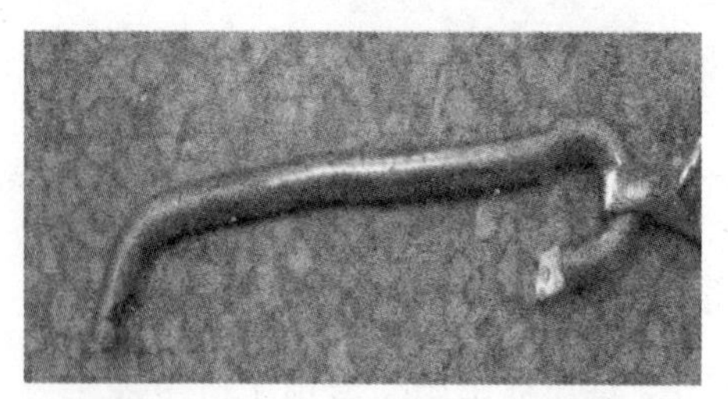

图 3–127 采用杂钢制作的连接器

（3）近几年还出现缩小款挂钩，部分企业为节省成本将挂钩做的小一些，这种不符合成人手型手感的缩小款挂钩，使挂钩难以进行正常的开合，极易让高处作业人员误操作，造成安全隐患，如图 3–128 所示。

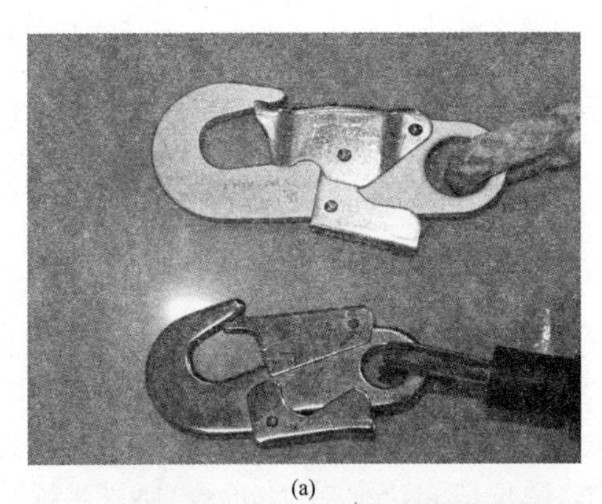

(a)

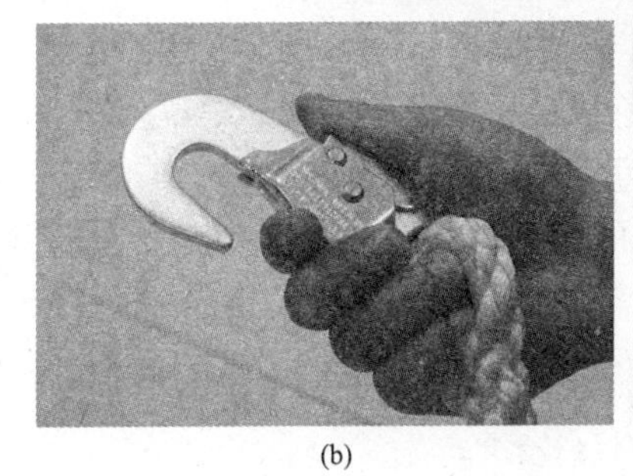

(b)

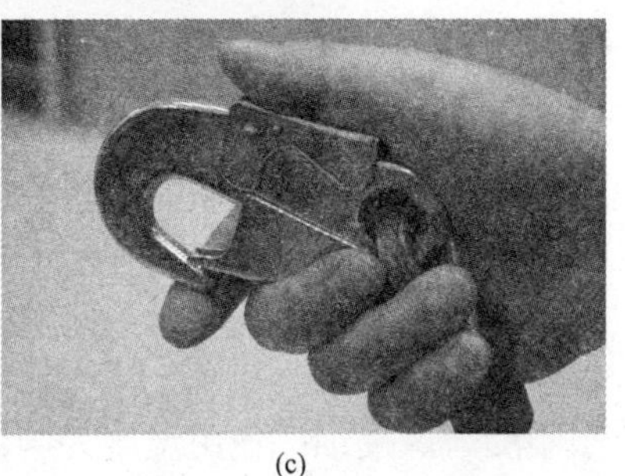

(c)

图 3–128　缩小款挂钩

（a）两款挂钩尺寸对比；（b）正常尺寸连接器操作时；（c）小尺寸连接器操作时

五、温馨提醒（忠告）

温馨提醒：

高处作业时，选用何种连接器应视作业环境和对象而定。

忠告：

当你检查连接器时，请记住首要原则：检查，检查，再检查！如果对手上连接器的可靠性有任何疑问，就坚决扔掉它。

第五节　缓冲器应用技术及检验要求

在介绍缓冲器之前让我们先了解一下织带的有关特性。

一、织带材料与制作工艺

织带的材料与制作工艺主要包括织带的材料、编织、缝合、软环眼形式及表面处理方法等。

1. 织带的材料

织带的材料基本上由人造纤维丝制成，且所用材料易于牵引、耐热性好、断裂强度不低于60cN/tex。人造纤维的粗细以纤度特（tex）或分特（dtex）表示，断裂强度是指每特（或分特）纤维被拉断时所能承受的力，单位是 cN/tex 或 N/dtex，1N（牛顿）=100cN（厘牛）。市场上织带的主要材料有以下几种。

（1）聚酰胺（PA）。聚酰胺（PA）材料为高韧性多纤维丝；耐碱但易受无机酸的侵蚀；使用温度为−40～100℃。

（2）聚酯（PES）。聚酯（PES）材料为高韧性多纤维丝；能耐大多数无机酸，但不耐碱；使用温度为−40～100℃。

（3）聚丙烯（PP）。聚丙烯（PP）材料为高韧性多纤维丝；几乎不受酸碱侵蚀；使用温度为−40～80℃。

2. 织带的编织

无论是采用传统编织还是无梭编织，织带均为复合堆叠、统一编织，以确保编织时若其中一根丝断裂，其末端无法从织带中抽出，从而避免因断丝抽出而引起整条织带散开的情况发生。

3. 织带的缝合

织带缝合所用的缝合线原材料通常与织带的原材料相同（特殊情况时采用高于织带强度的其他材料），并由缝纫机进行加工。

织带的缝合针脚不应接触和影响织带的边缘（除非织带有牢固环眼的加强措施），缝合线的针脚应穿过织带需要共同缝纫的部分，针脚应平整光滑，织带表面无多余线圈。

织带的断口应采取适当措施防止织带散开。加热处理的断口不应损坏相邻的针脚，不应对加热处理的断口再进行缝合。

编者建议将缝合线的颜色与织带的颜色区分开，以便于对缝合线进行质量检查（在生产过程中的检验或使用过程中的检查）。

4. 织带的软环眼形式

织带软环眼内圈的长度一般应能满足与连接器的组合，一般有图 3–129 所示的五种结构形式。

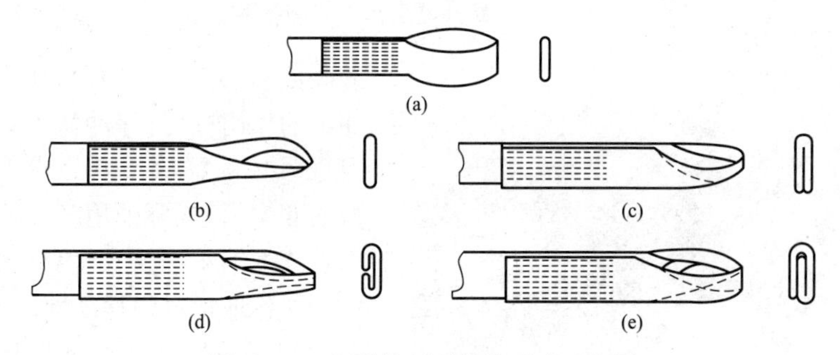

图 3–129 织带软环眼结构形式示意图

（a）扁平环眼；（b）翻转环眼；（c）一边折叠 1/2 宽度环眼；

（d）两边折叠 1/2 宽度环眼；（e）折叠 1/3 宽度环眼

5. 织带的表面处理

为增强织带的耐磨性，减少磨损物的侵入，增强织带的防潮性能，高品质的织带均进行织带表面的封闭处理。

二、缓冲器制作工艺与原理

缓冲器（国外文献称势能吸收器，工程俗称缓冲包），基本结构形式如图 3–130 所示，制作工艺简述如下：将一根定长的织带，留出织带的软环眼部分，将其余织带沿宽度面折叠数层，用缝纫机在设计好的缝制区将折叠的织带缝合，为防止织带的磨损，在织带的软环眼处套上保护套，如图 3–131 所示；再连接安全扣（或其他连接器），用热塑材料将缝制的织带塑封。

缓冲器的基本原理十分简单：利用撕开缝制的织带来吸收下坠的动力。有实验证明，与无缓冲器的坠落对比，使用一个缓冲器可

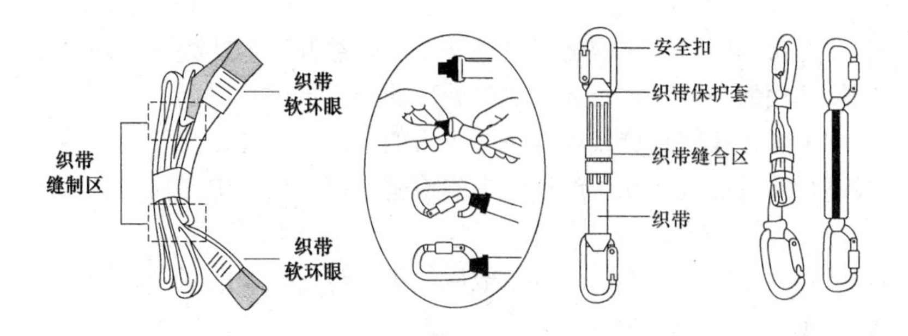

图 3–130　缓冲器制作工艺示意图

图 3–131　织带保护套实物连接示意图

减少约 17%的冲击力并延缓冲击的作用过程。缓冲器也有根据带体的释放长度分成Ⅰ型或Ⅱ型，但实际使用时高处作业人员往往无法知晓空间尺寸或作业位置的移动性，大多数情况下以Ⅱ型缓冲器选择为主，故下面重点介绍Ⅱ型缓冲器（简称缓冲器）。

三、缓冲器结构形式与应用

缓冲器通常与保护绳、连接器等配套使用，可分为配单根保护绳的单联缓冲器、配双根保护绳的双联缓冲器两种形式。

1. 单联缓冲器

单联缓冲器是用一根不可调式保护绳（若与坠落悬挂安全带配套则俗称安全绳）通过连接器与缓冲器配套，如图 3–132 所示。

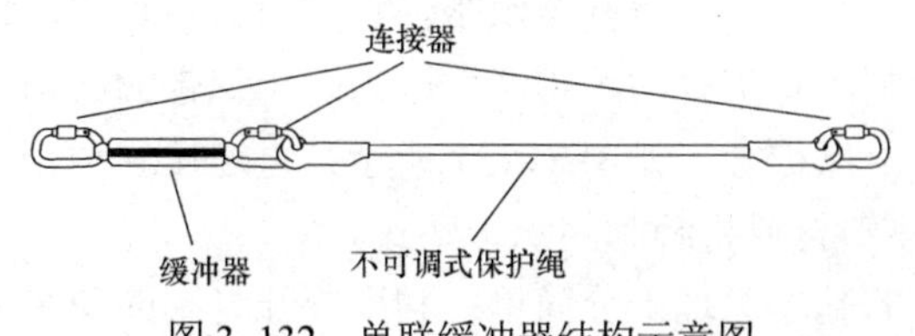

图 3–132　单联缓冲器结构示意图

高处作业时，穿戴坠落悬挂安全带，将单联缓冲器的一端（靠近缓冲器的一端）扣入安全带的前胸或后背悬挂环中，另一端挂在某固定点，如图 3–133 所示。

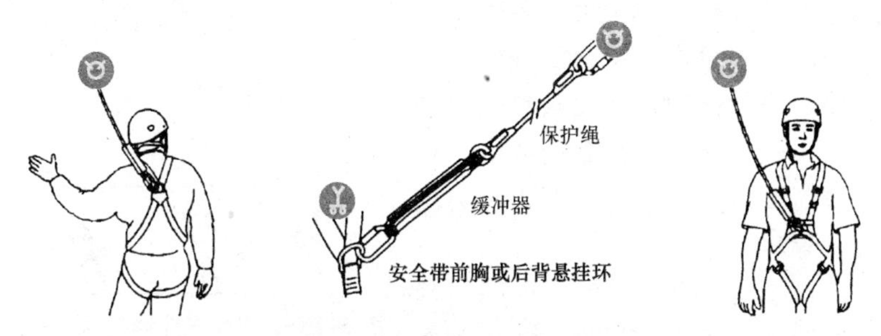

图 3–133　单联缓冲器应用示意图

2. 双联缓冲器

双联缓冲器是用两根不可调式保护绳通过可拆卸式圆环与缓冲器配套，如图 3–134 所示。该圆环配有一可拆卸的衬圈，移开衬圈，可将保护绳套入圆环，再插入衬圈，旋入销钉即可。

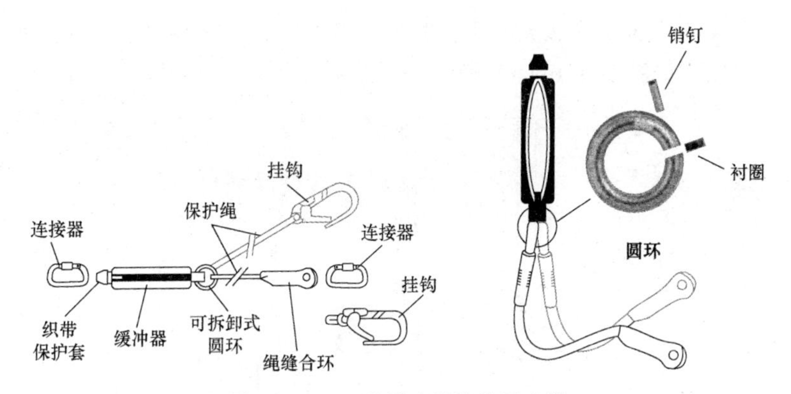

图 3–134　双联缓冲器结构示意图

高处作业时，穿戴坠落悬挂安全带，将双联缓冲器的一端（靠近缓冲器的一端）扣入安全带的前胸悬挂环中，另一端双钩交叉挂在某固定物（如水平安全拉线）上，以保持高处作业移动时始终处于安全保护状态，如图 3–135 所示。

四、缓冲器技术要求

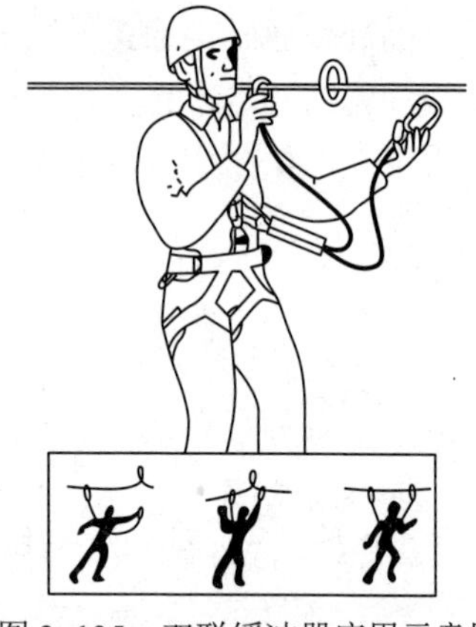

图 3–135 双联缓冲器应用示意图

缓冲器结构及原理并不复杂，但其内含的技术要素使许多生产企业的产品质量不能符合高处作业的需要。缓冲器的技术要求包括缓冲器的尺寸及质量、静载荷要求、释放载荷要求、破坏载荷要求及缝制要求等。

1. 尺寸及质量

缓冲器的成品长度一般控制在200～300mm，释放后的带体长度一般控制在 450～1500mm，质量一般控制在 50～100g；高品质的缓冲器往往是成品长度短、重量轻。目前，有一些缓冲器未采用热塑材料将缝制的织带塑封，而选用两块对称的塑料盒将缝制的织带封住，使缓冲器的重量达到 120g 以上。

2. 静载荷要求

缓冲器在承受 2.5kN 负荷时，缝合区应无缝线绷裂、织带变形等现象，如图 3–136（a）所示的静载荷要求。

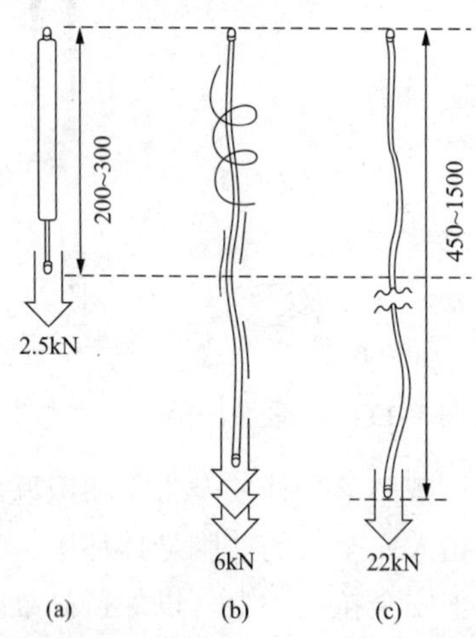

图 3–136 缓冲器机械性能要求示意图

（a）静载荷要求；（b）释放载荷要求；（c）破坏载荷要求

3. 释放载荷要求

当缓冲器受到的冲击负荷 F 在 $2.5kN<F\leqslant 6kN$ 之间时，缓冲器内缝合区的缝线应逐一连续绷裂，释放织带，如图 3–136（b）所示的释放载荷要求。

4. 破坏载荷要求

当缓冲器释放后，织带应能继续承受不大于 22kN 负荷，如图 3–136（c）所示的破坏载荷要求。

5. 缝制要求

缓冲器的缝制要求与“织带的缝合”要求相同。

对缓冲器来说，织带的缝合技术是整体技术中最关键的技术。用什么线、缝线密度、缝线走向等决定了缓冲器的静载荷和释放载荷值。编者曾对某企业生产的缓冲器进行检验，发现其产品或者可以用手拉开（即缓冲器释放开），或者在模拟人坠落试验时不拉开释放。问及原因，企业技术人员答曰：“不清楚缓冲器的原理，从外面购入一个样品，解剖后进行仿制”。一个企业的技术人员况且不清楚缓冲器原理，又如何要求企业的员工呢？加上员工对缓冲器的随意缝制，没有一定的工艺要求，必然造成上述无法控制缓冲器载荷的情况发生。

五、缓冲器检验

缓冲器一般属于高处作业人员的专项器材，缓冲器的检验主要包括外观检验、静态性能试验、动态性能试验和耐候性试验。

1. 外观检验

在每次使用前，对缓冲器的自检极为重要。务必检查缓冲器中的织带及缝合部位，确保织带无割伤和缝合部位绷裂情况，如有异常情况立即作报废处理，如图 3–137 所示。

缓冲器缝合部位一般采用塑封处理，绷裂情况较难检验。目前已有企业推出一种用一装有拉链的防水小袋包裹缓冲器的技术（使用前拉开拉链，可方便地检查织带缝合线的绷裂情况），如图 3–138 所示。

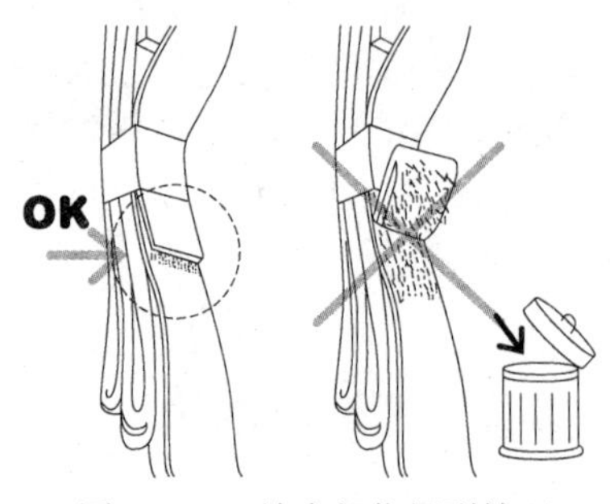

图 3–137 缝合部位绷裂情况检验示意图

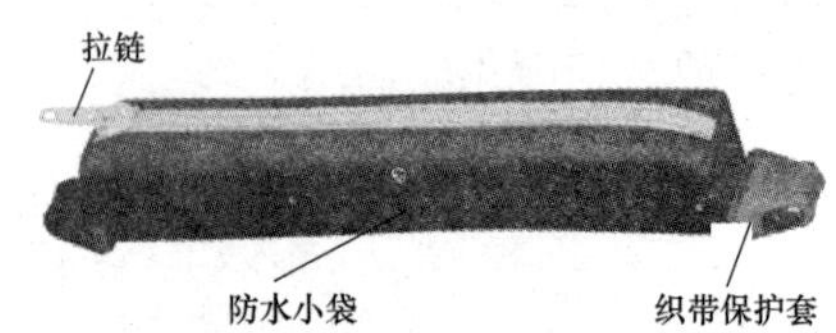

图 3–138 装有拉链的防水小袋示意图

2. 静态性能试验

目前对缓冲器的静态性能检验在标准或文献上存在差异，编者综合相关资料及自身的研究认为缓冲器静态性能试验宜包括静载荷试验、释放载荷试验和破坏载荷试验。

（1）静载荷试验。将缓冲器两端分别与卧式拉力试验机连接，对缓冲器逐步施加负荷，直至使缓冲器承受 2.5kN 负荷，保持 5min。卸载后，缝合区应无可视的缝线绷裂、织带变形等现象。

（2）释放载荷试验。将缓冲器两端分别与卧式拉力试验机连接，对缓冲器逐步施加负荷，直至使缓冲器承缝合区缝线逐一连续绷裂，此时缓冲器承受的负荷应大于 2.5kN 但不大于 6kN。

（3）破坏载荷试验。对释放的缓冲器两端分别与卧式拉力试验机连接，3min 内对其逐步施加负荷，直至缓冲器断裂，此时，断裂负荷值不应小于 15kN。

3. 动态性能试验

将缓冲器一端与刚性测试架上的冲击负荷测试仪（俗称制动力测试仪）连接，另一端与专门的测试绳连接，再通过测试绳与测试重物（100kg）连接；将测试重物悬垂，测量 H_S；提升测试重物至高度为（H_S+H_F）；将测试重物与释放装置相连，W 不超过 300mm；释放测试重物，测量并记录最高冲击力值（俗称制动力）；测试重物静止后，测量 H_D；计算 H_S 与 H_D 之差，即缓冲器的永久变形（缓冲器展开前与展开后端点之间的长度之差）；试验布置如图 3–139

所示，其中最高冲击力值不应大于6kN，永久变形量不应大于1.75m。

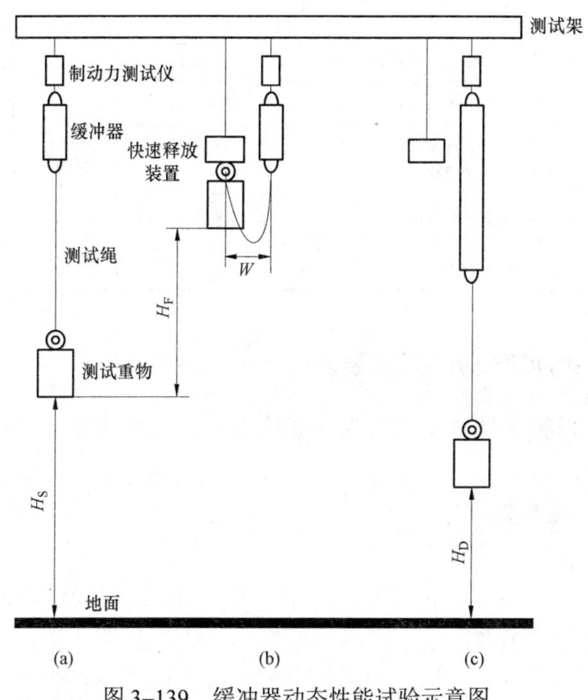

图3–139　缓冲器动态性能试验示意图

（a）悬垂状态；（b）释放前状态；（c）坠落后状态

4. 耐候性试验

缓冲器耐候性试验分为静态耐候性试验和动态耐候性试验两类。

（1）静态耐候性试验。将2套缓冲器分别放置于（–35±2）、（+50±2）℃恒温箱中静置24h，从恒温箱取出后在0.5h内完成静态性能（2.5kN→6.0kN→22kN）试验，并满足技术要求。

（2）动态耐候性试验。将4套缓冲器分别按表3–4所列要求，进行预处理后，从恒温或环境箱取出后在0.5h内完成动态性能试验，并满足表3–4的技术要求。

表 3–4　动态耐候性试验预处理及技术要求

特殊环境	预处理要求	最高冲击值	永久变形量
高温	将缓冲器样品放置在（50±2）℃环境中 24h	≤6kN	≤1.75m
低温	将缓冲器样品放置在（–35±2）℃环境中 24h		
潮湿	将缓冲器样品放置在（20±2）℃、深度不大于100mm 水中 24h		
潮湿阴冷	将缓冲器样品放置在（20±2）℃、深度不大于100mm 水中 24h，取出后静置 30min，再放入（–35±2）℃环境中 24h		

六、缓冲器预防性试验要求

缓冲器预防性试验项目为外观检查和静载荷试验，试验周期为12 个月。

1. 外观检查

缓冲器外观检查应符合：

（1）产品名称、标准号、产品类型（Ⅰ型、Ⅱ型）、最大展开长度、制造厂名及厂址、产品合格标志、生产日期（年、月）及有效期、法律法规要求标注的其他内容等永久标识完整清晰。

（2）缓冲器所有部件应平滑，无材料和制造缺陷，无尖角或锋利边缘。

（3）织带型缓冲器的保护套应完整，无破损、开裂等现象。

2. 静负荷试验

将缓冲器安装在拉力试验机上，以不大于 100mm/min 的速率施加力值至 2205N 并保持 5min。

卸载后，缓冲器的保护套应无破损、内部缝合部位应不开裂。

七、注意事项

为充分发挥缓冲器的防护作用，应注重对缓冲器的使用、储藏和保养。

（1）缓冲器撕开织带的功能不应受天气的影响，户外作业时，勿使缓冲器淋雨或受潮。

（2）使用时应考虑有足够的空间，如图 3–140 所示。缓冲器织带的释放将减缓下坠的速度，吸收下坠的冲击力，但增加了作业人员的坠落长度，使用前若不对作业环境进行了解，将对作业人员造成伤害。

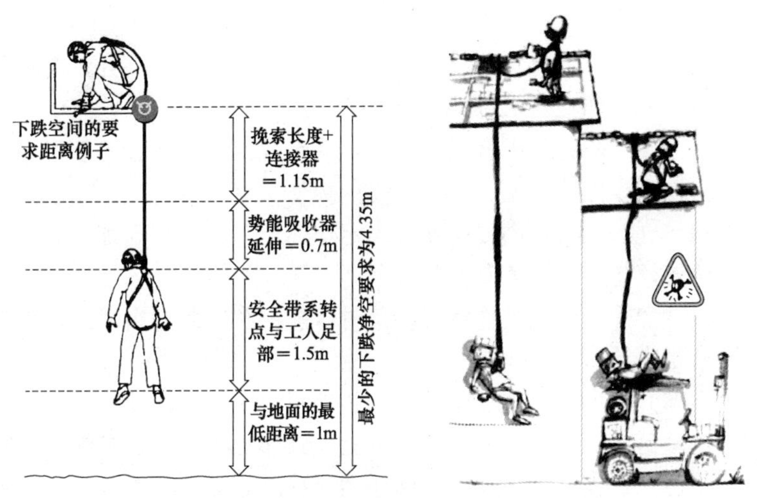

图 3–140　缓冲器使用时的足够空间示意图

（3）缓冲器应储藏在干燥、通风处，远离阳光、高温、化学品及潮湿之处。

八、温馨提醒（忠告）

温馨提醒：

当你使用缓冲器时，请记住首要原则：检查，检查，再检查！

忠告：

请牢牢记住：

（1）不要在意缓冲器外表是否清洁，关键在每次使用前的检验。

（2）坚决扔掉承受过坠落的、织带表面有割伤、缝线有绷裂的缓冲器。

第六节 防坠器应用技术及检验要求

前面几节我们介绍了安全帽、安全带、保护绳、连接器及缓冲器等基本防护器材，应该说上述防护器材的防护性能基本上是属于被动防护。

安全帽——当有物体从高处坠落时或当作业者从高处跌落时，它能有效保护作业者头部。

安全带——它能配合其他防护器材有效保护作业者的躯干不继续坠落，减少作业者肢体可能遭受的损伤。

保护绳——帮助高处作业者固定作业位置，限制高处作业者的作业位置，防止作业者从高处坠落。

缓冲器——当高处作业者坠落时，能缓解坠落冲击能量，减少因坠落带来的可能伤害。

本节介绍的防坠器属于主动防护器材，是高空作业时用于防止作业者坠落的一种防护装置；它处处紧跟作业者，作业者缓行，防坠器悠悠然；作业者欲疾行、防坠器速擒之；让作业者时时刻刻处于安全防护状态之下。

一、防坠器种类

防坠器品种繁多，一般按结构特点可分为收放型防坠器和导向型防坠器两大类。

1. 收放型防坠器

收放型防坠器的工作原理：防坠器悬挂于高处，作业时可随意拉出带索使用；当人体坠落时，可利用速度的变化进行内部自锁并迅速制动，它类似于汽车安全带（乘客可小幅度的移动、快速大幅度的位移被限制）的保护原理，有时也称收放型防坠器为速差式防坠器。

收放型防坠器主要分为收放型钢丝绳防坠器和收放型织带防坠器。

（1）收放型钢丝绳防坠器。以下主要介绍收放型钢丝绳防坠器

（不带整体救援装置型）的基本结构、使用方法和注意事项。

1）基本结构。收放型钢丝绳防坠器主要由壳体、棘轮、棘轮主轴、棘轮罩、卷簧、双止键、拉簧、出线口保护环及钢丝绳等基本部件构成，其基本结构剖面如图 3–141 所示。

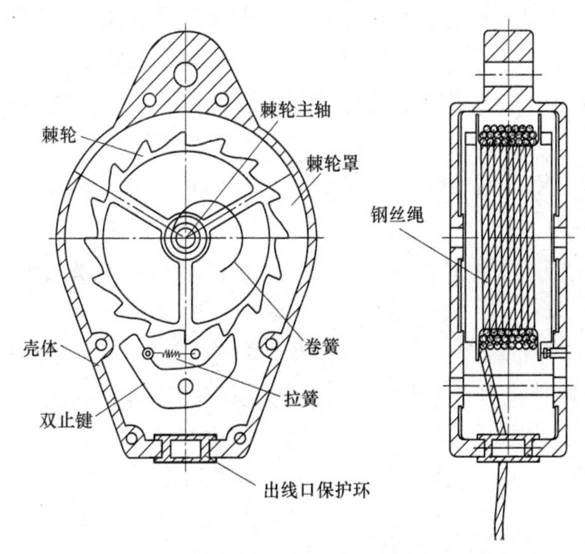

图 3–141　收放型钢丝绳防坠器基本结构剖面图

a. 壳体。收放型钢丝绳防坠器的壳体可采用铸造、冲压和注塑三种工艺制作。

（a）铸造。大规格的收放型防坠器以铸钢壳体为主，特点是成本低、耐碰撞、质量较重。近年来也出现了一些铸铝壳体，特点是质量轻、体积较大。

（b）冲压。将 2～3mm 薄钢板或高强度铝合金板冷冲压成型制作壳体，特点是质量轻、耐碰撞，但壳体带一啮合边，手感不够圆润。

（c）注塑。高品质的收放型防坠器以高强度塑料壳体为主，特点是质量轻、耐老化、耐碰撞、耐腐蚀、色彩艳丽、手感圆润。最新产品外壳为圆弧状塑料，使用时质量轻，携带时对人体较亲和。

b. 棘轮。棘轮是收放型防坠器的关键部件，棘轮的质量直接影响防坠器的制动性能。一般产品采用铸钢件，高品质的防坠器采用锻铝件，两者之间的差别主要表现在前者质量重、成本低，后者质量轻、成本高。

c. 棘轮主轴。棘轮主轴一般采用 45 号钢制造并进行材料调质，其表面较硬，是棘轮的转轴。

d. 棘轮罩。为防止钢丝绳收放时与棘轮齿搅和，设置棘轮罩以隔离钢丝绳。

e. 卷簧。卷簧主要用于控制棘轮的回转，以实现自动收放的功能。

f. 双止键。用于制止棘轮的顺时针旋转，以实现收放型防坠器的制动功能。

g. 拉簧。拉簧主要用于控制双止键的平衡性，以实现自动制动的功能。

h. 出线口保护环。收放型钢丝绳防坠器选用的是细软航空钢丝绳，防坠器使用时频繁地收放，极易损伤钢丝绳，出线口保护环一般设计成用黄铜制造的上下对称喇叭状的圆环。

2）使用方法。收放型钢丝绳防坠器原则上高挂低用，使用时作业者只需要将防坠器上的连接吊绳固定在作业上方坚固钝边的结构物上，再将防坠器钢丝绳上的挂钩扣入作业者安全带背部的连接环上即可使用，若作业者发生坠落，防坠器会利用人体下坠速度差进行自控，使用时如图 3–142 所示。

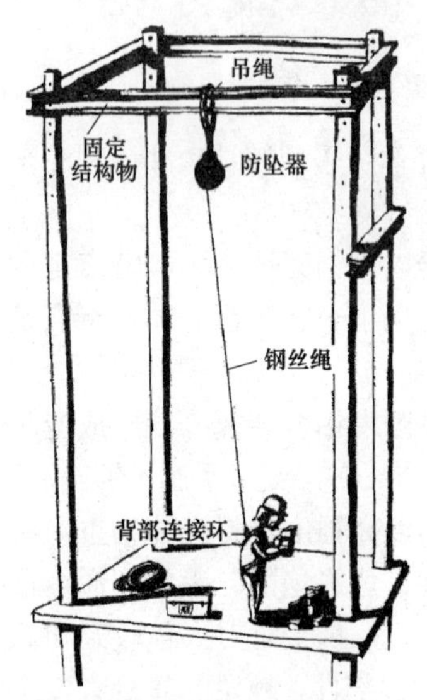

图 3–142　收放型钢丝绳防坠器使用示意图

收放型钢丝绳防坠器在使用半径范围内，不需更换悬挂点。正常使用时，钢丝绳将随人体自由伸缩。在防坠器内机构作用下，处于半紧张状态，使作业人员无牵挂感。万一失足坠落，钢丝绳拉出速度明显加快，防坠器内的锁止系统会自动锁止，锁止稳定，安全系数高，可靠性好，对失足人员毫无伤害。负荷解除即自动恢复工作，工作完毕钢丝绳将自动回收到防坠器内，便于携带。收放型钢丝绳防坠器适用于输电线路施工检修及电厂钢结构施工等高处作业的保护。

3）注意事项。收放型钢丝绳防坠器在使用、维护、保养和储藏中应注意以下事项。

a. 使用收放型钢丝绳防坠器前应对连接吊绳等外观做检查，并试锁 2～3 次（试锁方法：将钢丝绳以正常速度拉出，应发出“嗒”“嗒”声；用力猛拉钢丝绳，应能锁止；松手时钢丝绳应能自动回收到防坠器内，如钢丝绳未能完全回收，只需稍拉出一些钢丝绳即可）；如有异常应立即停止使用。

b. 使用收放型钢丝绳防坠器进行倾斜作业时，原则上倾斜度不超过 30°，30° 以上必须考虑是否有可能撞击到地面或周围物体，如图 3–143 所示，即钢丝绳伸出的长度 R≤悬挂点离地高度 H–作业者身高 r–1m。

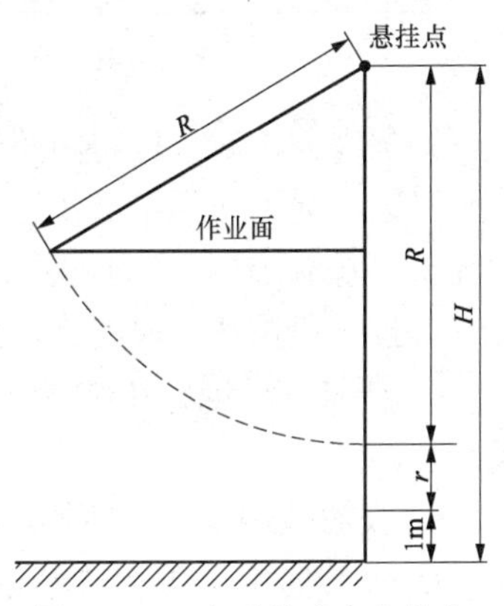

图 3–143　水平移动安全作业距离关系图

水平移动安全作业距离警示如图 3–144 所示。

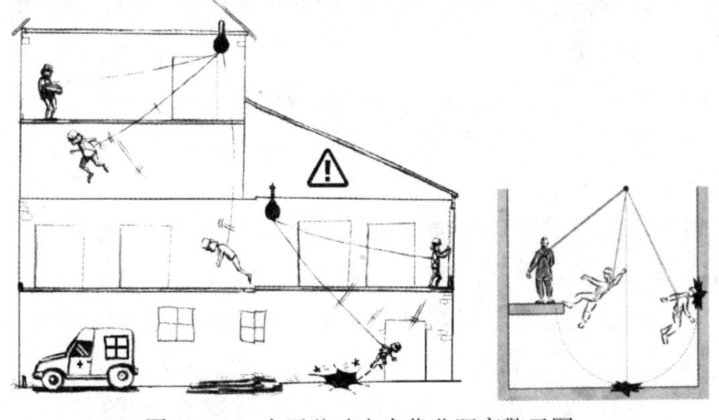
图 3–144　水平移动安全作业距离警示图

c. 收放型钢丝绳防坠器关键零部件一般均做耐磨、耐腐蚀等特种处理，并经严密的调试，使用时不需加润滑剂；但应定期或不定期（如钢丝绳浸过泥水等）用涂有少量机油的棉布对钢丝绳进行擦洗，如图 3–145 所示；擦洗工作既可清除钢丝绳表面的污垢，又能有效检查钢丝绳表面是否有断丝现象。

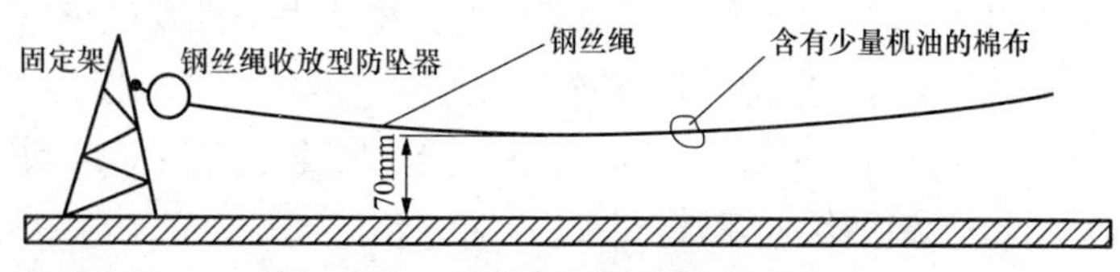

图 3–145　防坠器钢丝绳擦洗示意图

钢丝绳擦洗时，应将防坠器悬挂在固定架上，悬挂点应满足当防坠器钢丝绳用人力全部拉出时，钢丝绳弧线最低点距地面不少于 70mm，以防止在擦洗过程中磨损钢丝绳，严禁采用拉一段擦洗一段、再拉一段擦洗一段、将擦洗过的钢丝绳盘卷在地面的做法。

d. 严禁钢丝绳在扭结状态时使用收放型钢丝绳防坠器，严禁拆卸改装。

e. 收放型钢丝绳防坠器应存放在干燥少尘的地方。

f. 严禁使用已进行过坠落试验或经历过坠落情况的收放型钢丝绳防坠器。

控制已进行过坠落试验的防坠器进入作业现场应该是容易的，控制经历过坠落情况的防坠器进入作业现场则相对困难些；编者曾在某施工现场看见，部分作业人员利用防坠器进行跳高塔比赛打赌，回班组后又不汇报实情，将防坠器往器具柜上一搁了事，下次出工继续带着走，让有安全隐患的防坠器游荡（悬挂）在作业者的头顶上。

高品质的收放型钢丝绳防坠器设计有安全识别保险装置——坠落指示器，该指示器紧靠钢丝绳端部与挂钩连接处，坠落指示器内预设一受额定压力即碎裂的塑料色圈，防坠器若经历坠落情况，塑料色圈即崩裂，使用者可从外部清晰地判别防坠器是否已启动坠落自锁功能，以避免使用失效防坠器，保证作业安全，如图 3–146 所示。

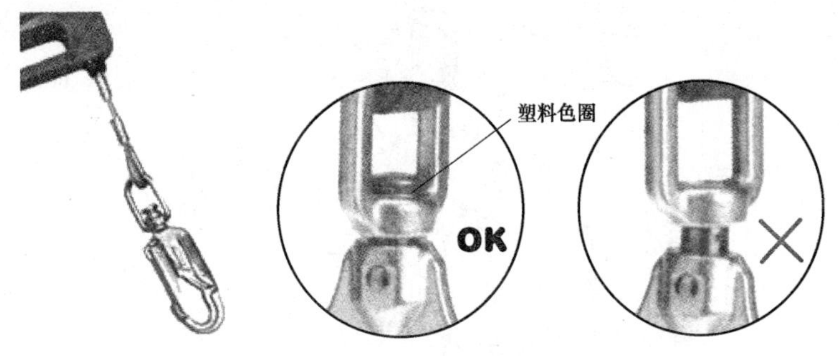

图 3–146　防坠器坠落指示器示意图

（2）收放型织带防坠器。以下主要介绍收放型织带防坠器的基本结构、使用方法和注意事项。

1）基本结构。收放型织带防坠器与收放型钢丝绳防坠器的最关键差异是：前者用高强度人造纤维织带替代后者的钢丝绳，如图 3–147 所示。

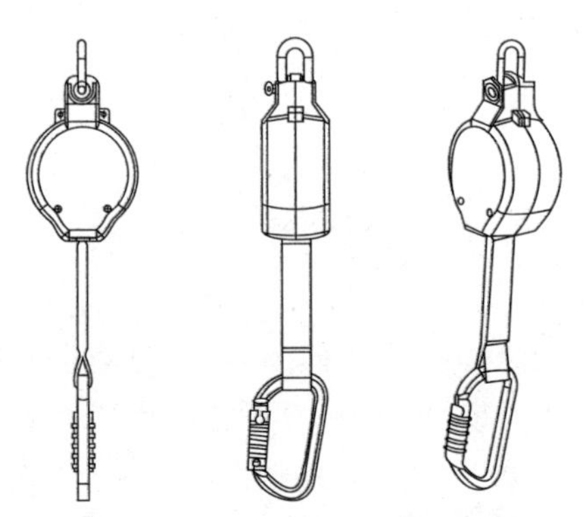
图 3–147　收放型织带防坠器示意图

主部件材料的变更，使收放型织带防坠器的基本结构及零部件有所变化，如图 3–148 所示为收放型织带防坠器的装配图。

2）使用方法。收放型织带防坠器使用方法基本上与收放型钢丝绳防坠器相同，如图 3–149 所示，使用时作业者只需要将防坠器上的连接器连接在作业上方的某固定点上即可。

收放型织带防坠器作业半径一般在 3.5m 以内，其工作原理与收放型钢丝绳防坠器相同。收放型织带防坠器具有质量轻、缓冲性

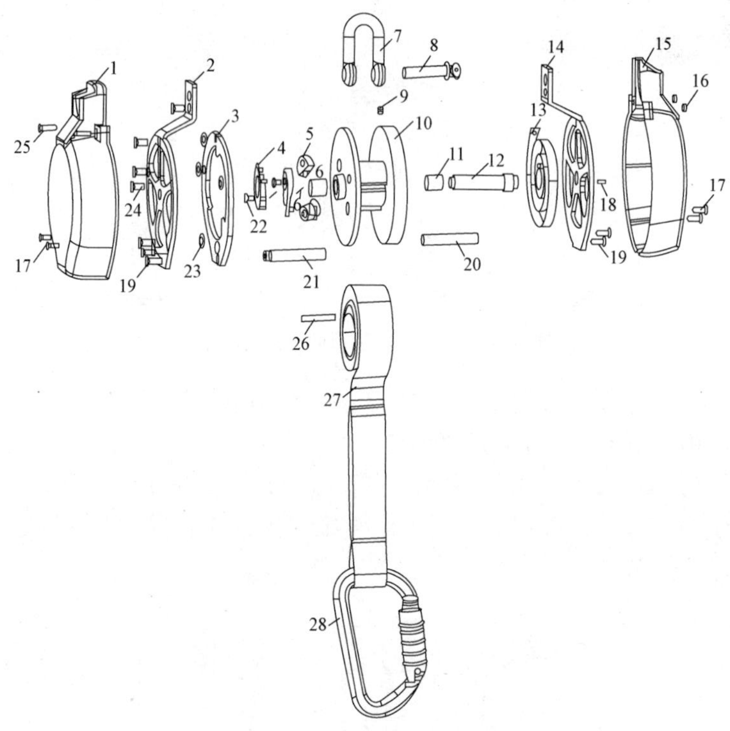

图 3–148　收放型织带防坠器装配图

1—左壳体；2—左支架；3—棘轮；4—限位块；5—止转齿；6—拉簧；7—挂环；8—横销；9—卷簧销；10—芯体；11—铜轴套；12—主轴；13—卷簧；14—右支架；15—右壳体；16—螺母；17、19、25—螺栓；18—轴销；20—支撑轴 A；21—支撑轴 B；22—固定限位块螺栓；23—垫片；24—铆钉；26—织带卡轴；27—织带；28—连接器

图 3–149　收放型织带防坠器应用示意图

能好、携带方便等特点，适用于变电站、配电网检修等登高作业的保护。

收放型织带防坠器也适用于办公室、学校教室等室内登高（如清洁玻璃窗作业）时的保护，如图 3–149 所示。

3）注意事项。收放型织带防坠器在使用、维护、保养和储藏中应注意以下事项。

a. 使用收放型织带防坠器前应对织带进行外观检查，重点检查织带表面是否有割伤、磨损等情况，并试锁 2～3 次（试锁方法：将织带以正常速度拉出应发出“嚓”“嚓”声；用力猛拉织带，应能锁止；松手时织带应能自动回收到器内，如织带未能完全回收，只需稍拉出一些织带即可）；如有异常应立即停止使用。

b. 使用收放型织带防坠器进行倾斜作业时，与收放型钢丝绳防坠器要求一样，应考虑水平移动安全作业距离。

c. 收放型织带防坠器关键零部件一般均做耐磨、耐腐蚀等特种处理，并经严密的调试，使用时不需加润滑剂；但应定期或不定期（如织带浸过泥水、油污等）用清水（勿用化学洗涤剂）和软刷对织带进行刷洗，清洗完应放在阴凉处，让其自然干燥，擦洗工作既可清除织带表面的污垢，又能有效检查织带表面是否有切割、剖口、划痕等现象。

d. 严禁织带在扭结状态使用收放型织带防坠器，严禁拆卸改装。

e. 收放型织带防坠器应存放在干燥少尘的地方。

f. 严禁使用已进行过坠落试验或经历过坠落情况的收放型织带防坠器。

2. 导向型防坠器

导向型防坠器工作原理：防坠器可随作业者的移动沿轨道或导索的内或外表面滑动，当作业者坠落时，即利用杠杆原理自动卡锁轨道或导索并迅速制动。

导向型防坠器主要分为轨道型防坠器和导索型防坠器两类。

（1）轨道型防坠器（也称带刚性导轨的自锁器或刚性导轨防坠器）。有些生产企业为达到某些宣传效果，将轨道型防坠器分为内置式轨道型防坠器和外置式轨道型防坠器，其实防坠器卡板或刹块与轨道的接触面是外侧还是内侧，事实上对具体防坠器来说是分不清所谓的内置还是外置的。

轨道型防坠器的结构形式目前有十余种，下面主要介绍型钢轨道型防坠器和圆钢轨道型防坠器。

1）型钢轨道型防坠器主要介绍其基本结构、工作原理和值得探讨的问题。

a. 基本结构。型钢轨道型防坠器的轨道是一根型钢，按横截面形状可分为仿工字型钢、T 字型钢或槽型钢，但大多数是仿工字型钢。

仿工字型钢轨道型防坠器，其基本结构和主要零部件如图 3–150 所示，由壳体、前侧轮、前顶轮、后导向轮、横销及卡板组成。

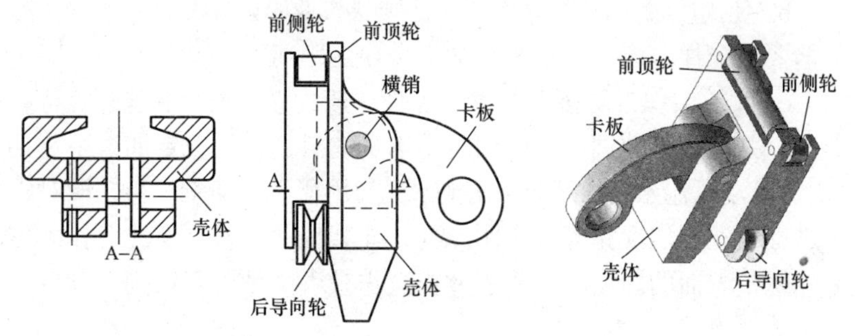

图 3–150　仿工字型钢轨道型防坠器基本结构示意图

（a）壳体。壳体有钢制和铝制两种，钢壳体材料选用碳素结构钢或低合金结构钢，采用线切割开槽为主，结合其他机加工工艺为辅的方法生产；铝壳体材料选用高强度锻铝，采用整锻工艺生产。壳体内有通槽，其内穿轨道，防坠器可沿轨道上下滑动。

（b）前侧轮、前顶轮和后导向轮。防坠器上所有轮均采用工程塑料制作；前侧轮和后导向轮起引导、定位和减少摩擦作用，前顶轮起减少轨道连接处阻力的作用。

（c）横销。采用 45 号钢调质处理，在防坠器上起铰轴的作用。

（d）卡板。卡板采用线切割或整锻工艺生产；卡板以铰轴为中心转动，其头部（卡板铰轴处）呈凸轮形，安装后卡板头部凸轮外缘边距轨道表面的距离大于铰轴中心点至轨道表面的距离，卡板尾部开有一圆挂环，用以系安全带与作业者相连接。

b. 工作原理。仿工字型钢轨道型防坠器工作原理：一根沿杆塔主材铺设的仿工字型钢轨道，作业者先用短连接绳（系于前胸的连接绳长度不应大于 0.4m，系于背部的连接绳长度不应大于 0.8m）的一端通过连接器扣入防坠器的卡板圆挂环内，另一端通过连接器扣入作业者安全带前胸连接环；再将防坠器套入仿工字型钢轨道。作业者沿杆塔上下平稳移动时，连接绳牵引卡板圆挂环处向上翘起，造成卡板头部凸轮外边缘与轨道表面间存在一定的间隙，使防坠器紧随着作业者沿轨道表面滑动，若作业者失足坠落，此时在重力牵引下连接绳拉动卡板圆挂环处向下，使卡板凸轮外边缘紧靠轨道表面并产生剧烈摩擦，即利用杠杆原理自动卡锁轨道并迅速制动，如图 3–151 所示。

为保证防坠器能随作业者平稳上下及紧急状态时能有效制动，此类防坠器连接绳均设计成 300mm 左右，连接绳过短将影响作业者在轨道上施展手脚，连接绳过长将影响防坠器的正常上下行，严重时影响坠落制动。

为保证防坠器能随作业者上下左右的更换作业位置，可在其轨道转向位置安装转向器，如图 3–152 所示。

图 3–151　仿工字型钢轨道型防坠器制动示意图

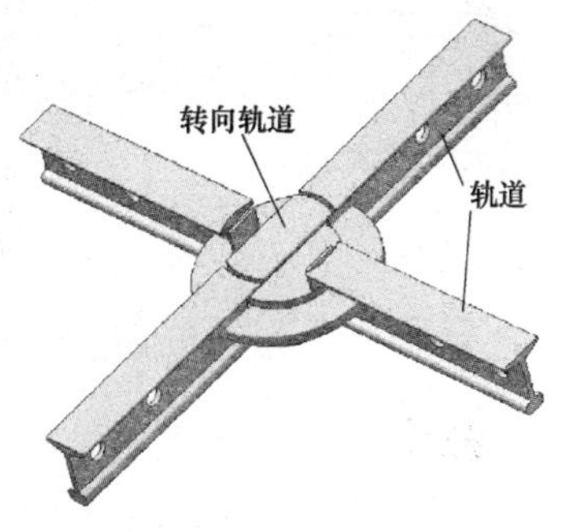

图 3–152　轨道转向器示意图

其他型钢轨道型防坠器还有：

（a）T 型钢轨道型防坠器。T 型钢轨道型防坠器是一款沿 T 型轨道纵向上下双卡板制动防坠器，如图 3–153 所示。

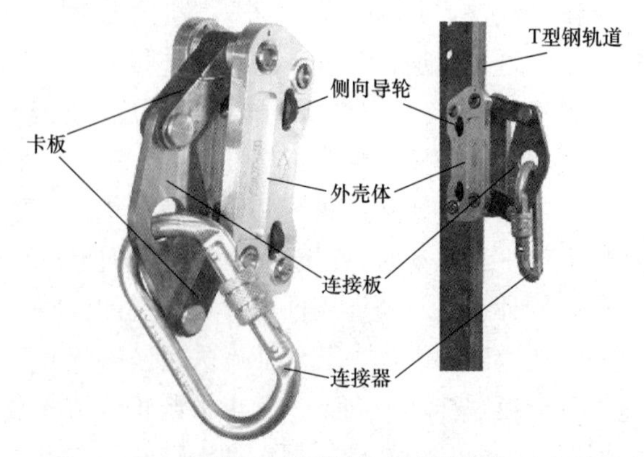

图 3–153　T 型钢轨道型防坠器基本结构示意图

（b）内沟槽型钢轨道型防坠器。内沟槽型钢轨道型防坠器是一款框体为全铝合金、采用左右平行双卡板制动的防坠器，如图 3–154 所示。

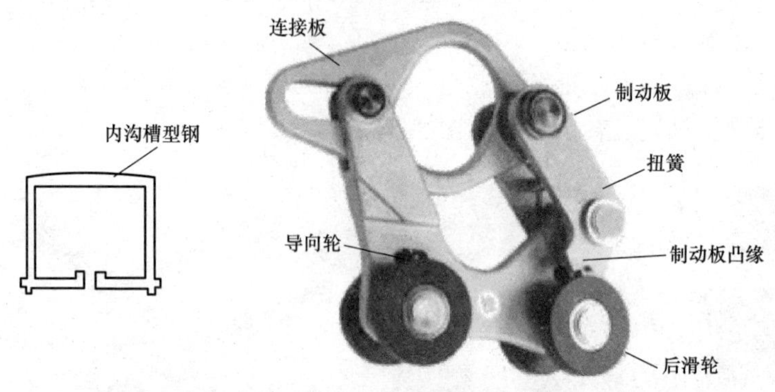

图 3–154　内沟槽型钢轨道型防坠器基本结构示意图

（c）带方孔轨道型防坠器。带方孔轨道型防坠器的轨道上分布有按一定距离均匀排布的方形小孔，防坠器内部有一机芯，机芯内有与轨道啮合的十字轮、阻尼器、限速弹簧、齿轮等，结构较为复杂，如图 3–155 所示。

c. 值得探讨的问题。型钢轨道型防坠器目前有以下几点值得我们探讨：

（a）轨道的结构。每种防坠器所配置轨道的结构、尺寸、形状各不相同，这将给作业人员造成很大的麻烦。如平时的线路运行检修出发前，得先搞清楚这几座杆塔是哪种型号的轨道，该带哪种型号的防坠器；如遇到大的自然灾害，各地赶赴灾区的抢修人员无法进行有效的防护作业。因此，建议轨道能否像杆塔的角钢一样规定统一的型号。

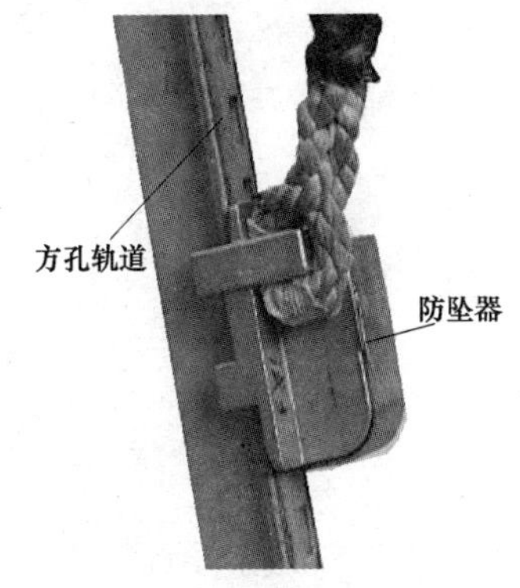

图 3–155　带方孔轨道型防坠器

（b）防坠器的结构。防坠器的零部件少则四五样，多则几十样。高处作业基本上在户外，作业人员不可能像呵护手机一样来保护防坠器，再考虑到防坠器可能会接触到油污、泥水等脏物，因此，防坠器的结构应越简约越可靠。

（c）防护的方向。许多生产防坠器的企业均声称，自己的防坠器能在各方向、各倾斜轨道上有效防坠落。编者曾对许多防坠器进行过验证试验，型钢轨道型防坠器有效防坠落方向是沿杆塔的上下方向，水平及倾斜方向的防坠落效果尚未得到试验的有效证实（至少是绝大多数防坠器产品），轨道型防坠器在水平及倾斜方向因重力的原因，其不可能产生与轨道之间的制动作用，至多仅起到挂或钩的作用。

2）圆钢轨道型防坠器。以下主要介绍圆钢轨道型防坠器的基本结构和工作原理。

a. 基本结构。圆钢轨道型防坠器的轨道是一根实心圆钢，防坠器基本结构如图 3–156 所示，主要由钩体、挂环、导向轮、顶杆、顶杆套、锁紧销、锁紧销开关、内置弹簧及锁紧销套等组成。

（a）钩体与挂环。钩体选用碳素结构钢或低合金结构钢，整体采用线切割成型加挂环部位热锻成型工艺生产；钩体上部开有 3/4 弧状通槽，其内穿圆钢轨道，防坠器可沿圆钢轨道上下移动；钩体下部的挂环平面与钩体上部平面互相垂直，挂环是用于悬挂连接器的圆孔。

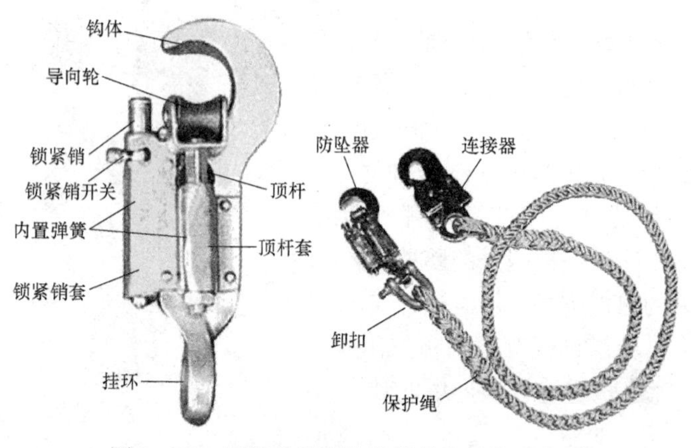

图 3–156　圆钢轨道型防坠器基本结构示意图

（b）导向轮。导向轮装在一带 U 形叉口的顶杆上，主要起导向和减少轨道阻力的作用。

（c）顶杆。顶杆下端装有一内置弹簧，用螺栓固定在顶杆套上，能保证导向轮始终与圆钢轨道有一定的压力。

（d）顶杆套。顶杆套采用薄钢板冲压成型，锚固在钩体上，起顶杆定位、保护弹簧的作用。

（e）锁紧销、锁紧销开关与内置弹簧。锁紧销在锁紧销开关的作用下可调节钩体的开口大小，当锁紧销开关置于开启位置，锁紧销在内置弹簧作用下，上升与钩体端部接触，钩体闭合；当锁紧销开关置于压紧位置，锁紧销将缩入锁紧销套内，此时便于作业者将防坠器钩体扣入圆钢轨道或从圆钢轨道上卸除。

（f）锁紧销套。锁紧销套采用薄钢板冲压成型，锚固在钩体上，起锁紧销定位、保护弹簧的作用。

b. 工作原理。圆钢轨道型防坠器工作原理：1 根沿杆塔主材铺设的圆钢轨道，作业者先用保护绳的一端通过卸扣连接防坠器的挂环，保护绳另一端通过连接器扣入作业者安全带背部连接环；再压紧防坠器锁紧销开关，将防坠器扣入圆钢轨道，开启锁紧销开关，闭合防坠器钩体；作业者用一只手的食指压住钩体上部，虎口托着钩体下部，其余手指扶圆钢轨道，脚踩脚蹬沿杆塔上下移动；因防坠器是用手托着沿圆钢轨道移动，保护绳固定点始终在作业者上方，所以该类型防坠器的保护绳长度 L 通常应在 $1m \leqslant L \leqslant 1.5m$ 范围内；若作业者失足坠落，此时保护绳拉动钩体下部向下，使钩体通槽上下两弧边分别卡住圆钢轨道表面，即利用杠杆原理自动卡锁轨道并迅速制动，如图 3–157 所示。

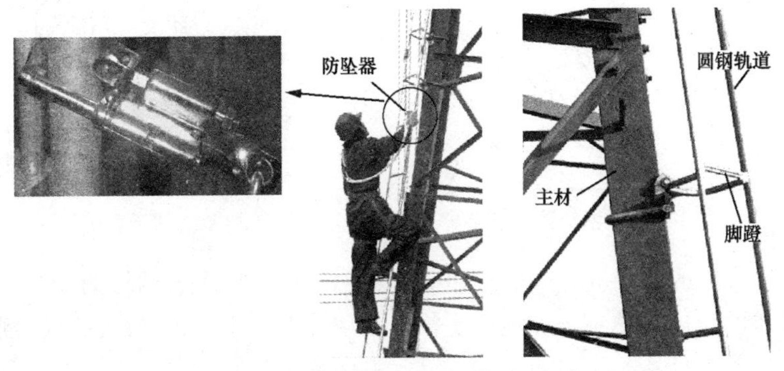

图 3–157　圆钢轨道型防坠器制动示意图

（2）导索型防坠器（俗称抓绳器，也称带柔性导轨的自锁器或导索型防坠器）。导索型防坠器分为钢索型防坠器和纤维绳型防坠器，其中钢索型防坠器又分为钢绞线型防坠器和钢丝绳型防坠器两种，此类防坠器最早起源于户外运动（如登山、攀岩等），后来逐步应用于工程高处作业中。

导索型防坠器的结构形式目前也有十余种，下面介绍较典型的几种。

1）钢绞线型防坠器。以下主要介绍钢绞线型防坠器的基本结构、适用范围、工作原理及安装说明。

a. 基本结构。钢绞线型防坠器其导索为一根镀锌钢绞线，且钢绞线基本定型用 GJ–70，直径为 $\phi 11mm$，其结构如图 3–158 所示，其基本结构剖面和主要零部件如图 3–159 所示。

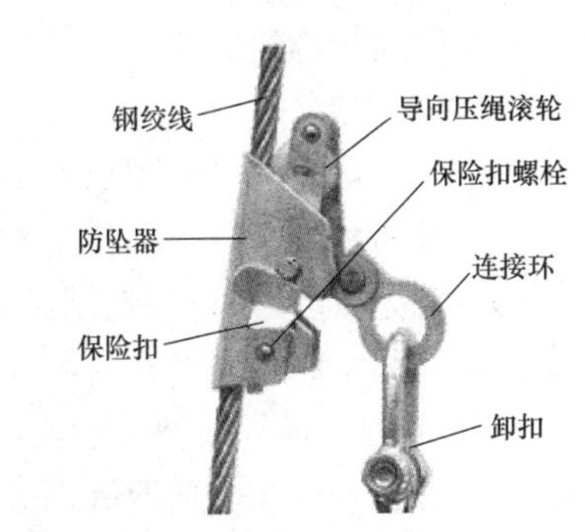

图 3–158　钢绞线型防坠器结构示意图

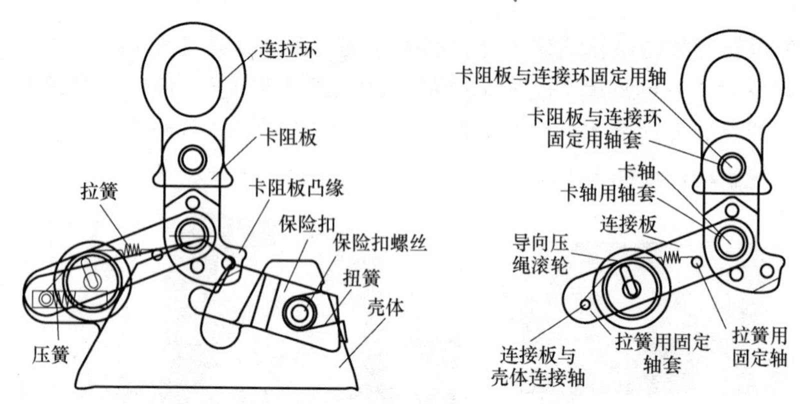

图 3–159　钢绞线型防坠器基本结构剖面和主要零部件示意图

（a）壳体。壳体一般选用碳素结构钢板或低合金结构钢板，高品质的选用不锈钢板或铜合金板，采用冷冲压工艺生产，内外缘倒角除刺的细活是工艺质量的关键，表面采用电镀防腐。

（b）连接环。连接环一般选用碳素结构钢板或低合金结构钢板，采用冷冲压工艺生产，内外缘应圆滑，表面采用电镀防腐；钢绞线防坠器通过此连接环与作业者相连接。

（c）卡阻板。卡阻板由 4～6 片薄钢板叠加而成，薄钢板材料选用碳素结构钢或低合金结构钢，每片均采用冷冲压工艺生产；卡阻板中部通过卡轴固定可旋转，上部与连接环锚固，下部有一凸缘可卡阻钢绞线，卡阻板几何尺寸的控制是工艺质量的关键；卡阻板表面采用电镀防腐。

（d）保险扣。保险扣一般选用碳素结构钢板，采用冷冲压工艺生产，通过保险扣螺栓固定在壳体上，旋动保险扣螺栓的松紧，可开启或闭合保险扣。

（e）导向压绳滚轮。导向压绳滚轮采用工程塑料制作，应耐磨、耐老化，起导向和减少阻力的作用。

（f）连接板。连接板一般选用碳素结构钢板或低合金结构钢板，采用冷冲压工艺生产，通过它将其他零部件连接在一起。

b. 适用范围。钢绞线型防坠器可广泛应用于输配电的钢管杆、角钢塔、混凝土电杆和门形架等高处作业场所。

c. 工作原理。当作业者坠落时，连接作业者的保护绳向下拉动防坠器的连接环同步带动卡阻板，使卡阻板凸缘顶住钢绞线，利用摩擦力使防坠器在钢绞线上制动，以确保高空作业人员不致坠落。

d. 安装说明。

（a）必须正确选用导索钢绞线，严禁与其他用钢绞线混用。

（b）必须正确安装防坠器，导向压绳滚轮（翘出部位）在上部。

（c）安装前请旋松保险扣螺栓，如图 3–160（a）所示；将连接环、卡阻板及连接板组合体按反时针方向退出，如图 3–160（b）所示。防坠器装入钢绞线后，如图 3–160（c）所示；将连接环、卡阻板及连接板组合体按开口方向顺时针装入，如图 3–160（d）所示，合上保险扣，再旋拧上保险扣螺栓（不要太紧）即可。

（d）装入钢绞线后，应检验防坠器的上、下灵活度，以确保锁止功能正常，如发现异常，必须立即停止使用。

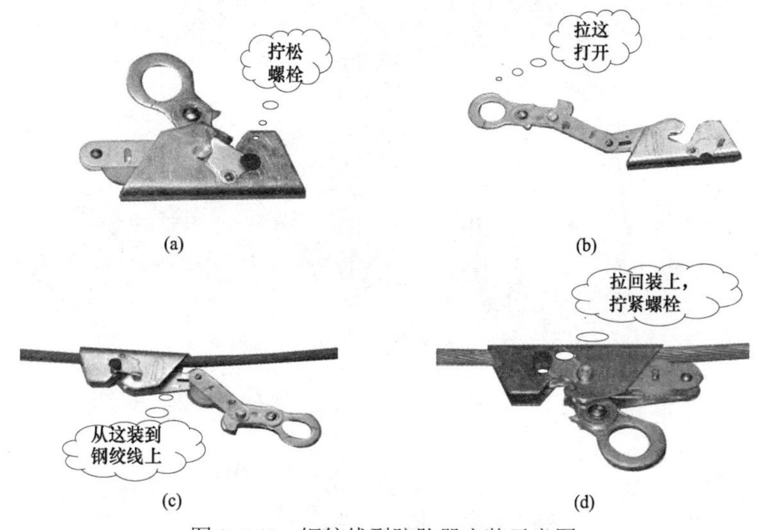

图 3–160　钢绞线型防坠器安装示意图

（a）步骤 1；（b）步骤 2；（c）步骤 3；（d）步骤 4

2）钢丝绳型防坠器。钢丝绳型防坠器其结构与钢绞线型防坠器大同小异，不同的仅是所夹持的导索为软钢丝绳。

3）纤维绳型防坠器。纤维绳型防坠器其结构与钢绞线型防坠

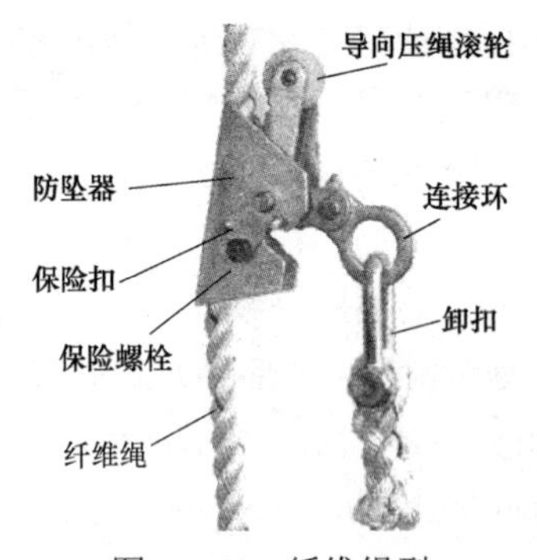

图 3–161　纤维绳型防坠器示意图

器也大同小异，但它夹持的是纤维绳（≥3m 时采用动力绳，<3m 时也可选用静力绳），如图 3–161 所示。

4）其他形式的导索型防坠器。导索型防坠器除钱包型外，其他形式（如图 3–162 所示）与前面介绍的基本一致。钱包型导索防坠器在欧洲应用较为普遍，技术也较成熟，其结构如图 3–163 所示。钱包型导索防坠器不需人手控制，可在纤维绳上向上或向下移动，如遇作业者快速向下移动它便会自动锁在纤维绳上。该防坠器可按图 3–164 所示进行安装。

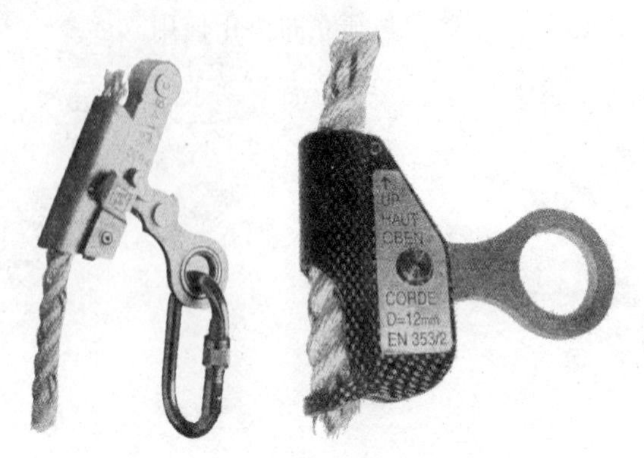

图 3–162　其他形式导索型防坠器结构图

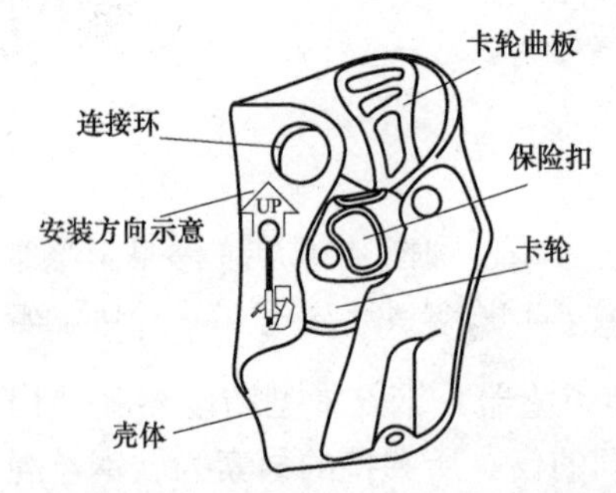

图 3–163　钱包型导索防坠器结构示意图

a. 用拇指把保险扣按下使卡轮旋开，把纤维绳安放在适当位置，依照壳体上箭头标示的向上方向，放松卡轮，如图 3–164（a）所示，将防坠器安装在纤维绳上。导索防坠器是一个有方向性的设备，而且只在一个方向卡阻。切记，不可把防坠器相反安装在纤维绳上。

b. 将连接器一端扣入防坠器连接环，如图 3–164（b）所示；另一端连接缓冲器，并通过缓冲器与作业者安全带前胸或后背悬挂环连接，如图 3–164（c）所示。卸除过程与安装过程相反。

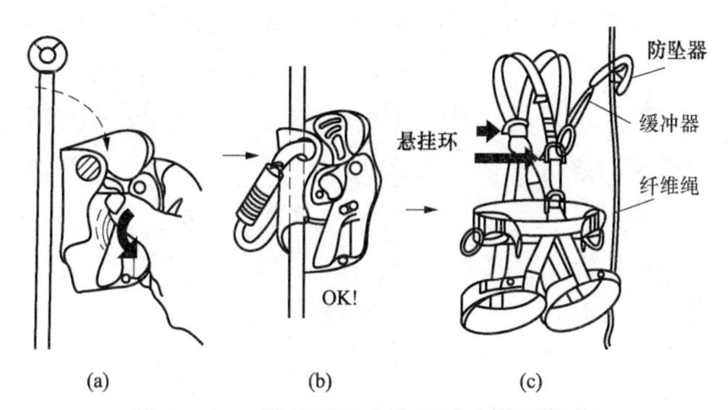

图 3–164　钱包型导索防坠器安装示意图

（a）防坠器安装在纤维绳上；（b）连接器扣入防坠器连接环；（c）防坠器与安全带连接

在使用钱包型导索防坠器前应检查防坠器的壳体、连接环状况（如有无裂纹、切割、变形、磨损及侵蚀等缺陷）及卡轮曲板的弹簧等，卡轮曲板不应与壳体内壁互相摩擦；将卡轮向正、反方向旋转一周，卡轮在两个方向的旋转均应顺畅；检查卡轮的轮齿是否清洁及有无损伤，应确保防坠器的清洁。

另外，在使用前还应检查纤维绳（特别提醒此时纤维绳的下端须有一个止坠结）、缓冲器及连接器等，必须确保各部件均可靠。

二、防坠器技术要求

防坠器应按经规定程序批准的图样和技术文件制造。防坠器的技术要求包括外观质量、结构要求、材料要求、工艺要求及性能要求等。

1. 外观质量

防坠器的外观质量主要包括防坠器壳体、标识、内置的钢丝绳或织带等的外观质量要求。

（1）防坠器及附件边缘应呈圆弧形，应无目测可见的凹凸等痕迹；壳体为金属材料时，所有铆接面应平整，无毛刺、裂纹等缺陷；壳体为工程塑料时，表面应无气泡、开裂等缺陷。

（2）防坠器及附件的标志应清晰和永久，各部件应完整无缺、无锈蚀及破损。

（3）收放型防坠器内置的钢丝绳，其各股均应绞合紧密，不应有叠痕、突起、弯折、压伤、错乱交叉、灼伤及断股的钢丝。收放型防坠器内置的织带应柔软、耐磨，其表面、边缘、软环眼处应无擦破、割断或灼烧等损伤。

（4）连接绳（带）应质地均匀、柔软、耐磨，绳中各股均应绞合紧密，不应有错乱交叉、灼烧及断股等损伤；带体应为复合堆积，统一编织，不应有切口、灼伤及断丝等损伤。

（5）连接器边缘应呈圆弧形，应无棱角、毛刺，不应有裂纹、明显压痕和划伤等缺陷。

2. 结构要求

防坠器的结构要求包括防坠器本体结构的基本要求、连接绳的结构长度等要求。

（1）基本要求。防坠器本体结构的基本要求：

1）防坠器各部件应连接牢固，有防松动措施，应保证在作业中不松脱。

2）收放型防坠器内置的钢丝绳，绳端环部接头宜采用铝合金套管压接方式，套管壁厚不应小于 3mm，长度不应小于 20mm，钢丝绳直径不应小于 5mm。

3）收放型防坠器内置的合成纤维带，带体两端环部接头应采用缝合方式，缝合末端会缝不应少于 13mm，且应增加一道十字或川字缝合线，缝线应采用与织带无化学反应的材料，颜色与织带应有区别。

4）收放型防坠器的出线口应设置避免钢丝绳或合成纤维带磨

损的保护措施，防坠器顶端挂点或钢丝绳末端连接器应有可旋转装置。

（2）连接绳。连接绳的结构长度要求：

1）连接绳两端环部接头应采用镶嵌方式，且每绳股应连续镶嵌 4 道以上，宜设置防磨损塑胶防护套。

2）系于前胸的连接绳长度不应大于 0.4m；系于背部的连接绳长度不应大于 0.8m。连接绳直径宜控制在 12.5～16mm。

3. 材料要求

防坠器的材料要求包括防坠器所用部件对材料的基本要求以及收放型防坠器、轨道型防坠器、导索型防坠器对材料的要求。

（1）基本要求。防坠器材料的基本要求主要包括防坠器所用紧固件、附件及配套装置连接部件对所采用材料的基本要求。

1）防坠器所用螺栓性能等级应为 6.8 级及以上，螺母性能等级应为 6 级及以上；热镀锌后的机械性能应符合 GB/T 3098.1《紧固件机械性能 螺栓、螺钉和螺柱》、GB/T 3098.2《紧固件机械性能 螺母》的相关规定；不锈钢材料的机械性能应符合 GB/T 3098.6《紧固件机械性能 不锈钢螺栓、螺钉和螺柱》和 GB/T 3098.15《紧固件机械性能 不锈钢螺母》的相关规定；弹簧垫圈应符合 GB/T 94.1 的《弹性垫圈技术条件 弹簧垫圈》的相关规定。

2）防坠器及附件所用弹簧部件宜采用符合 GB/T 699《优质碳素结构钢》、GB/T 3077《合金结构钢》规定的 65Mn、70、60Si2Mn 等材料。

3）防坠器及附件所用各类轴、销、键等部件宜采用屈服强度不低于 345MPa 的材料，并符合 GB/T 699、GB/T 1591《低合金高强度结构钢》或 GB/T 1220《不锈钢棒》的相关规定。

4）连接绳所用编织绳或带应符合 GB 6095《安全带》的规定，使用锦纶、高强涤纶、蚕丝等材料。

（2）收放型防坠器。收放型防坠器的材料要求主要包括壳体、棘轮、棘轮罩、双止键、出线口保护环、内置的钢丝绳和织带等的材料要求。

1）壳体为金属件时，宜采用符合 GB/T 1173《铸造铝合金》规定的 ZLD102 等铸造铝合金材料或 GB/T 15115《压铸铝合金》规定的 YL102 等压铸铝合金材料。壳体为塑料件时，宜采用增强 ABS 塑料（丙烯腈–丁烯–苯乙烯）或 PBTP 塑料（聚对苯二甲酸丁二醇酯）等材料。

2）棘轮宜采用服强度不低于 245MPa 的铸钢材料，并符合 GB/T 700《碳素结构钢》、GB/T 1591 的相关规定；也可采用屈服强度不低于 250MPa 的锻铝材料；并符合 GB/T 3190《变形铝及铝合金化学成分》的相关规定。

3）棘轮罩宜采用符合 GB/T 1173 规定的 ZLD102 等铸造铝合金材料或 GB/T 15115 规定的 YL102 等压铸铝合金材料。

4）双止键宜采用符合 GB/T 699 规定的 45 号钢等材料。

5）出线口保护环宜采用耐磨性好、硬度适中的符合 GB/T 5231《加工铜及铜合金化学成分和产品形状》规定的 ZH62 铸铜等材料。

6）内置的钢丝绳应符合 YB/T 5197《航空用钢丝绳》或 GB/T 9944《不锈钢丝绳》的相关规定，宜采用 1×19 单股型，钢单丝公称抗拉强度不应小于 1770MPa。

7）内置的合成纤维织带应符合 GB 6095 的相关规定，使用锦纶、高强涤纶、蚕丝等材料。

（3）轨道型防坠器。轨道型防坠器的材料要求主要包括壳体、卡板及导向轮等的材料要求。

1）壳体、卡板等部件宜采用屈服强度不低于 245MPa 的整锻或整轧材料，并符合 GB/T 699、GB/T 700、GB/T 1591 的相关规定，也可采用屈服强度不低于 250MPa 的锻铝材料，并符合 GB/T 3190 的相关规定。

2）导向轮等宜采用增强 ABS 塑料（丙烯腈–丁烯–苯乙烯）或 PBTP 塑料（聚对苯二甲酸丁二醇酯）等材料。

（4）导索型防坠器。导索型防坠器的壳体、连接环、连接板、卡钳板、拨片等部件宜采用屈服强度不低于 245MPa 的整锻或整轧材料，并符合 GB/T 699、GB/T 700、GB/T 1591 的相关规定；也可采用屈服强度不低于 250MPa 的锻铝材料，并符合 GB/T 3190 的相关规定。

4. 工艺要求

防坠器工艺要求主要规定了防坠器受力部件、金属表面、内置的钢丝绳及各类紧固件、塑料件及各类轴、销、键等部件的工艺处理要求。

（1）除收放型防坠器的棘轮外，其余受力部件不应采用铸造方式制造。

（2）防坠器的金属表面应进行防腐处理。

（3）防坠器内置的钢丝绳及各类紧固件应采取热镀锌的方法防腐（不锈钢丝绳及不锈紧固件除外）。

（4）所有塑料件应具有良好的防老化性能（含进行防老化处理）。

（5）各类轴、销、键等部件应进行调质处理，硬度 HRC（35～45）。

5. 性能要求

防坠器性能要求规定了防坠器性能的基本要求以及收放型防坠器、轨道型防坠器、导索型防坠器的具体性能要求。

（1）基本要求。

1）防坠器及附件的使用环境温度应适用–35～+50℃。

2）防坠器及附件额定制动载荷（防坠器可有效制动的最大载荷）为 120kg，额定工作载荷（防坠器正常使用时的最大载荷）为 100kg。

3）轨道型防坠器、导索型防坠器在不小于 15kN 的静载荷作用下保持 5min，不应出现织带撕裂或开线、金属件碎裂、连接器开启、绳断、导轨严重变形等现象，卸载后，防坠器应能正常解锁，顺畅滑动，并能正常锁止。

4）防坠器承受额定制动载荷及额定工作载荷，坠落性能应满足表 3–5 的要求。

表 3–5　　防坠器坠落性能

防坠器类型	额定制动载荷	额定工作载荷	坠落后防坠器状态
收放型防坠器	坠落距离≤2.2m，坠落指示器应正常工作；冲击力≤9kN	坠落距离≤2.0m，坠落指示器应正常工作；冲击力≤6kN	应无任何元件破裂和断裂，连接器不允许打开，不应出现运动机构卡死等使防坠器失效的情况

续表

<table>
<tr><th colspan="2">防坠器类型</th><th>额定制动载荷</th><th>额定工作载荷</th><th>坠落后防坠器状态</th></tr>
<tr><td colspan="2">轨道型防坠器</td><td>锁止距离≤0.3m；模拟人坠落距离≤1.4m；冲击力≤9kN</td><td>锁止距离≤0.2m；模拟人坠落距离≤1.2m；冲击力≤6kN</td><td rowspan="3">不应出现织带撕裂或开线、金属件碎裂、连接器开启、绳断、模拟人滑脱、导轨严重变形等现象，卸载后，防坠器应能正常解锁，顺畅滑动，并能正常锁止</td></tr>
<tr><td rowspan="2">导索型防坠器</td><td>导轨为钢丝绳</td><td>锁止距离≤0.3m；模拟人坠落距离≤1.4m；冲击力≤9kN</td><td>锁止距离≤0.2m；模拟人坠落距离≤1.2m；冲击力≤6kN</td></tr>
<tr><td>导轨为纤维绳</td><td>锁止距离≤1.2m；模拟人坠落距离≤2.2m；冲击力≤9kN</td><td>锁止距离≤1.0m；模拟人坠落距离≤2.0m；冲击力≤6kN</td></tr>
</table>

5）防坠器从 1m 高处自由坠落至水泥地面后，应不影响其性能，并能正常工作。

6）防坠器出厂至应停止使用的有效年限为 4 年，防坠器开始使用至应停止使用的有效年限为 3 年。防坠器及附件经坠落试验后应整体报废。

（2）收放型防坠器。

1）防坠器被拉出的钢丝绳（或织带）卸载或锁止卸载后，即能自动回缩，不应有卡绳（或卡带）现象。

2）防坠器经疲劳试验后，应无损伤，空载性能符合相关规定。

3）防坠器应设置能识别是否发生坠落的安全标识（如图 3–146 所示的坠落指示器等）。

（3）轨道型防坠器。

1）应保证至少需要两个连贯的手动操作才能将防坠器安装在轨道上（或从轨道上拆卸），且保证防坠器与轨道之间配合紧密，不能脱离轨道移动。

2）防坠器应能轻松沿轨道上下移动，并能在任何位置有效锁止而不下滑。

3）经疲劳试验后，应无损伤，空载性能符合相关规定。

（4）导索型防坠器。

1）应保证至少需要两个连贯的手动操作才能将防坠器安装在导索上（或从导索上拆卸），且保证防坠器与导索之间配合紧密，不能脱离导索移动。

2）防坠器在导索上应能轻松上下移动，并能在任何位置有效锁止而不下滑。

3）经疲劳试验后，应无损伤，空载性能符合相关规定。

三、防坠器试验方法

防坠器的试验方法包括外观、组装检验、空载动作试验、静载荷试验、坠落试验、抗跌落试验、耐候性试验及疲劳试验等。

（1）外观、组装检验。防坠器及附件的外观、组装质量以目测检查为主，应符合防坠器技术要求中对外观质量和结构要求的相关规定。

（2）空载动作试验。空载动作试验包括收放型防坠器、轨道型防坠器和导索型防坠器等的空载动作试验。

1）收放型防坠器空载动作试验。将收放型防坠器钢丝绳（或织带）在其全行程中任选 5 处，进行拉出、制动试验，防坠器应能自动回缩，不应有卡绳（或卡带）现象。

2）轨道型防坠器空载动作试验。将轨道型防坠器在垂直轨道的 1.2m 范围内，连续 5 次进行上下移动（手提或推动）、制动试验。防坠器应能轻松沿轨道上下移动，并能在任何位置有效锁止而不下滑。

3）导索型防坠器空载动作试验。将导索型防坠器在垂直导索的 1.2m 范围内，连续 5 次进行上下移动（手提或推动）、制动试验。防坠器在导索上应能轻松上下移动，并能在任何位置有效锁止而不下滑。

（3）静载荷试验。将防坠器按工作状态安装，轨道型防坠器静载荷试验示意图如图 3–165 所示，导索型防坠器静载荷试验示意图如图 3–166 所示；对防坠器沿垂直方向施加不小于 15kN 的静载荷，保持 5min，不应出现织带撕裂或开线、金属件碎裂、连接器开启、绳断、轨道（导索）严重变形等现象，卸载后，防坠器应能正常解锁，顺畅滑动，并能正常锁止。

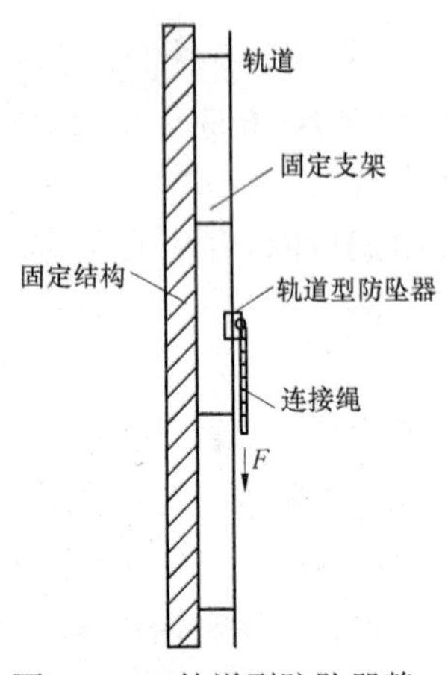

图 3–165　轨道型防坠器静载荷试验示意图

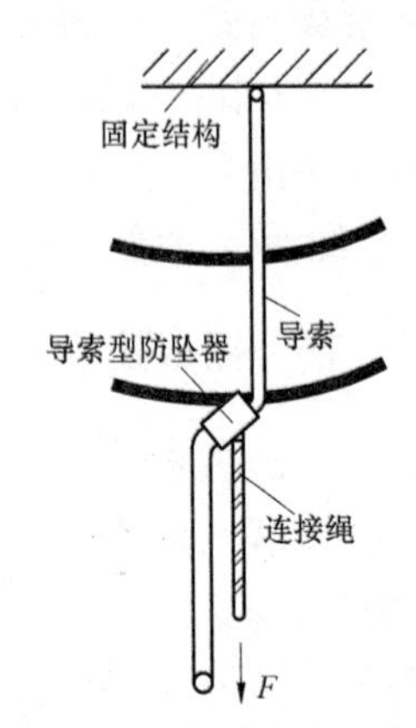

图 3–166　导索型防坠器静载荷试验示意图

（4）坠落试验。

1）收放型防坠器坠落试验。将防坠器安全绳全部收回，安装在试验架上；将安全绳拉出 600mm，夹住避免缩回，将测试重物（按额定制动载荷和额定工作载荷两类）分别挂在安全绳末端；将测试重物提升 600mm，距挂点水平距离 300mm；试验布置图如图 3–167 所示；释放测试重物，测量并记录冲击力值和坠落距离，防坠器坠

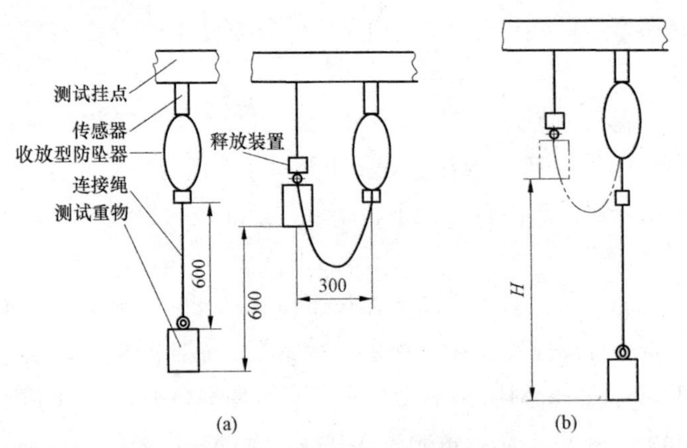

图 3–167　收放型防坠器坠落试验布置图

（a）释放前状态；（b）释放后状态

H—坠落距离

落性能应符合表 3–5 的规定。

2）轨道型防坠器坠落试验。按 GB/T 6096 中的规定，将防坠器安装在干燥垂直的轨道上，分别悬挂测试重物［按额定制动载荷和额定工作载荷（人体模型）两类］，测试重物重心应高于防坠器中心 0.5m、距地面 3m 以上，并在轨道上作零点标识，试验布置图如图 3–168 所示；释放测试重物，测量并记录冲击力值、锁止距离和坠落距离，防坠器坠落性能应符合表 3–5 的要求。

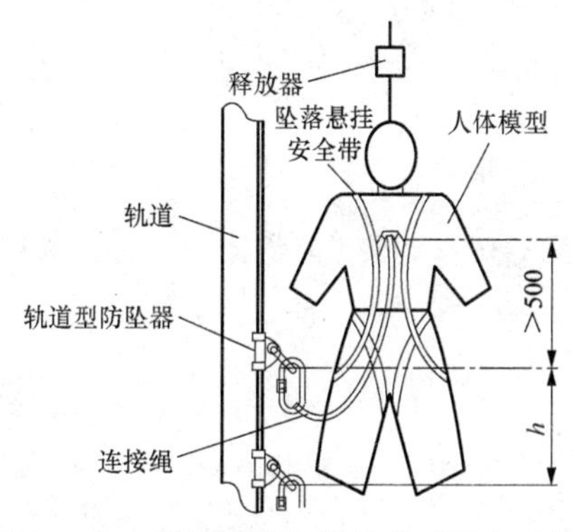

图 3–168　轨道型防坠器坠落试验布置图

h—锁止距离

3）导索型防坠器坠落试验。按 GB 6096 中的规定，将防坠器安装在上部固定的垂直导索上，分别悬挂测试重物［按额定制动载荷和额定工作载荷（人体模型）两类］，测试重物重心应高于防坠器中心 0.5m、距地面 3m 以上，并在导索上作零点标识，试验布置图如图 3–169 所示；释放测试重物，测量并记录冲击力值、锁止距离和坠落距离，防坠器坠落性能应符合表 3–5 的规定。

图 3–170 所示为某型号规格的导索型防坠器坠落试验，出现了连接绳断裂、模拟人坠落等现象，显然此导索型防坠器为不合格产品。

（5）抗跌落试验。将防坠器从距离水泥地面 1m 高处，自由跌落后，再进行空载动作试验、额定制动载荷坠落试验，应符合相关的规定。

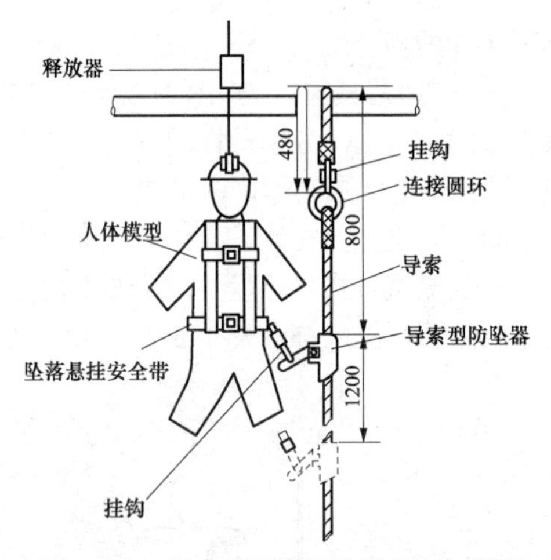

图 3–169　导索型防坠器坠落试验布置图

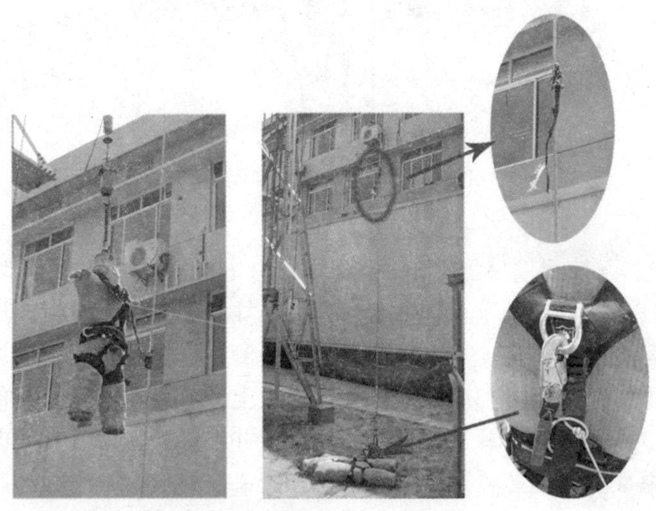

图 3–170　某型号规格的导索型防坠器坠落试验

（6）耐候性试验。防坠器的耐候性试验主要考察防坠器（包括配套装置）耐受高、低温及水、油的性能。

1）将同型号规格两套防坠器分别放置于–35、+50℃恒温箱中静置 24h，从恒温箱取出后在 0.5h 内完成空载动作试验、额定工作载荷坠落试验，应符合相关的规定。

2）将同型号规格两套防坠器（除收放型防坠器外）分别在浸水（浸入温度为10～30℃的水中1h）和浸油（浸入温度为10～30℃的柴油中1h后，再静止挂沥1h）状态下，再进行空载动作试验、额定工作载荷坠落试验，应符合相关的规定。

（7）疲劳试验。防坠器的疲劳试验主要考察防坠器的疲劳性能。

1）采用符合DL/T 1435《速差式防坠器疲劳试验装置技术要求》规定的设备，按GB 24544《坠落防护 速差自控器》的方法确定最小测试重物；在收放型防坠器钢丝绳（或织带）的末端悬挂最小测试重物，将收放型防坠器钢丝绳（或织带）拉出1m，测试重物距挂点水平距离不超过300mm；释放测试重物；如此重复操作1000次后，再进行空载动作试验，防坠器应符合相关的规定。

2）将轨道型防坠器安装在轨道上端，按GB 24542《坠落防护 带刚性导轨的自锁器》的方法确定最小测试重物；在防坠器连接绳末端悬挂最小测试重物；提升测试重物至防坠器可在轨道上滑动，测试重物与轨道间水平距离不应大于300mm；释放测试重物，使其自由下落，观察防坠器是否正常锁止；如此重复操作1000次后，再进行空载动作试验，防坠器应符合相关的规定。

3）将导索型防坠器安装在导索上端，按GB 24537《坠落防护 带柔性导轨的自锁器》的方法确定最小测试重物；在防坠器连接绳末端悬挂最小测试重物；提升测试重物至防坠器可在导索上滑动，测试重物与导索间水平距离不应大于300mm；释放测试重物，使其自由下落，观察防坠器是否正常锁止；如此重复操作1000次后，再进行空载动作试验，防坠器应符合相关的规定。

四、防坠器验收规则

防坠器验收规则包括试验类型及相关规定，防坠器及附件试验分为型式试验、出厂试验、验收试验和预防性试验。

1. 型式试验

型式试验是对某型号规格防坠器及附件，按规定的试验项目、试验条件所进行的试验，主要检验防坠器整体的安全可靠性能。

（1）在下列情况下，应对产品进行型式试验：

1）新产品投产前的定型鉴定；

2）产品的结构、材料或制造工艺有较大改变，影响到产品的主要性能时。

（2）用于型式试验的防坠器及附件试样应从批量（基数不小于 50 套）的同型号规格产品中随机抽取。

（3）型式试验项目和试样数量按表 3–6 的规定。

表 3–6　　型式试验项目和试样数量

序号	试验项目		试样名称			试样数量（件）
			收放型防坠器	轨道型防坠器	导索型防坠器	
1	外观、组装		√	√	√	3
2	空载动作		√	√	√	3
3	静载荷			√	√	3
4	坠落		√	√	√	2
5	抗跌落		√	√	√	1
6	耐候性	高低温	√	√	√	各 2
		水、油		√	√	各 2
7	疲劳		√	√	√	1

注　“√”表示应做的试验项目。

（4）型式试验结果处理：

1）如试样全部符合要求，则该型号规格的产品合格。

2）如有一套试样不能通过某项试验，则在同种产品中抽取原试样数量的两倍，重做该项试验，如符合要求，则该种产品合格。如仍不符合要求，则该种产品不合格。

2. 出厂试验

出厂试验是考核产品出厂时应达到的性能要求的试验。

（1）出厂试验项目和试样数量应符合表 3–7 的规定。

表 3-7　　出厂试验项目和试样数量

序号	试验项目	试样名称			试样数量（件）
		收放型防坠器	轨道型防坠器	导索型防坠器	
1	外观、组装	√	√	√	整批
2	空载动作	√	√	√	整批
3	静载荷		√	√	同批次总数的 4%
4	坠落	√	√	√	同批次总数的 2%

注　1. 不足 1 件时按 1 件计；

2. 坠落试验时使用额定工作载荷。

（2）出厂试验结果处理：

1）如试样全部符合要求，则该型号规格的产品通过出厂试验。

2）如试样不能通过外观、组装或空载动作试验，则该试样不合格。

3）如有一套试样未通过静载荷或坠落试验，则在同批防坠器中抽取原试样数量的两倍，重做静载荷或坠落试验，如符合要求，则该批防坠器仍为合格。如仍有一套试样不符合要求，则该批防坠器应为不合格。

4）防坠器应由制造厂的质量检验部门检验合格后方能出厂，出厂产品应附有质量检验合格证。

3. 验收试验

验收试验是用户考核产品是否可接收的试验。

（1）验收试验项目和试样数量应符合表 3-8 的规定。

表 3-8　　验收试验项目和试样数量

序号	试验项目	试样名称			试样数量（件）
		收放型防坠器	轨道型防坠器	导索型防坠器	
1	外观、组装	√	√	√	整批
2	空载动作	√	√	√	整批
3	静载荷		√	√	同批次总数的 2%
4	坠落	√	√	√	同批次总数的 1%

注　1. 不足 1 件时按 1 件计；

2. 坠落试验时使用额定工作载荷。

（2）验收试验结果处理：

1）如试样全部符合要求，则该型号规格的产品通过验收试验。

2）如试样不能通过外观、组装或空载动作试验，则该试样不合格。

3）如有一套试样未通过静载荷或坠落试验，则在同批防坠器中抽取原试样数量的两倍，重做静载荷或坠落试验，如符合要求，则该批防坠器仍为合格。如仍有一套试样不符合要求，则该批防坠器应为不合格。

4）制造厂和用户对验收如有争议，应由双方认可的权威机构进行仲裁试验。

4. 预防性试验

预防性试验是对新购入或已投入使用的防坠器及附件，在常温下，按规定的试验项目、试验条件和试验周期所进行的定期试验。预防性试验周期为 1 年。

（1）预防性试验项目和试样数量按表 3–9 规定。

表 3–9　预防性试验项目和试样数量

序号	试验项目	试样名称			试样数量（件）
		收放型防坠器	轨道型防坠器	导索型防坠器	
1	外观、组装	√	√	√	整批
2	空载动作	√	√	√	整批
3	静载荷		√	√	整批

（2）预防性试验结果处理：

1）如试样全部符合要求，则该试样通过预防性试验。

2）如试样不能通过外观、组装、空载动作或静载荷试验，则该试样不合格。

（3）防坠器及附件预防性试验静载荷力值要求见表 3–10 的规定。

表 3–10　预防性试验静载荷力值表

试样名称	轨道型防坠器	导索型防坠器
静载荷（kN）	2.205	2.205

五、防坠器标志、包装和运输

1. 标志

在防坠器及附件的明显位置应有清晰的永久性标志，其内容包括但不限于：

（1）产品名称、型号（含厂家生产批次或序号）；

（2）安装方向、等级标识（如长度、载荷等）；

（3）商标（或生产厂名）；

（4）生产日期。

2. 包装

每件防坠器及附件均应有合适的包装袋（盒），并附有产品说明书、产品合格证。产品说明书中应包括：

（1）用户须知（或安全警告）；

（2）产品型号；

（3）使用方法；

（4）检查程序、维护（或保养）方法及报废准则等。

3. 运输

防坠器在运输中，应防止雨淋，勿接触腐蚀性物质。

六、温馨提醒（忠告）

温馨提醒：

当你使用防坠器时，请记住首要原则：检查，检查，再检查！

忠告：

请牢牢记住：

（1）坚决抛弃已坠落过的防坠器。

（2）不要抱有自己修理更换防坠器某零部件的企图。

第四章

防坠落装置典型布置方案

通过第三章的介绍，我们熟悉了高处作业的基本防护器材，这些基本防护器材就像一堆零部件，不进行组装，永远是零部件，只有把零部件通过不同的组合成为各种机械或机器才能发挥优势，产生效率。同样，只有将基本防护器材通过不同的组合才能在不同的作业场所起到安全防护作用。

防坠装置的布置或配置的原则：

（1）新旧杆塔有别。新杆塔新设计新安装，旧杆塔老设计新改造。对于新建输电线路工程，杆塔防坠落装置应与主体工程同时设计、同时安装、同时验收；对于已建的输电线路工程，杆塔如需要加装防坠落装置，防坠落装置的安装方式、杆塔的结构强度及安全系数需经原设计单位复核同意。

（2）室内室外有别。室外以保护移动过程为主（上下防护为首，左右、倾斜防护为辅），室内以限制作业范围为主。

（3）输电配电有别。输电线路以固定式防护装置（如轨道型防坠落装置）为主，配电线路以移动式防护装置（如导索型防坠落装置）为主。

（4）有条件的企业先试行，条件不足的企业待推广。

（5）“先理后兵”。先对作业人员进行理论和应用技能培训，再实施防坠落装置的布置或配置工作。

第一节　角钢塔作业防坠落布置方案

角钢塔主要是用角钢构建的输电线路铁塔，作业人员通常用手交叉攀扶主材、用脚踩蹬脚钉的方式攀登，整个攀登过程无坠落防护手段，如图 4–1 所示。

图 4–1　角钢塔攀登示意图

目前，在 35kV 及以上输电线路杆塔中，角钢塔所占比例约为 90%，如何有效地解决攀登过程的防坠落保护，一直是企业领导层、基层管理层及作业人员所关心、关注又力不从心的问题。下面介绍几种实施方案。

一、35kV 及以下输电线路角钢塔实施方案

35kV 及以下输电线路角钢塔基本上是上字形塔，作业高度一般不超过 16m，铁塔根开不大，主材与斜材之间间距也不大，作业人员双手可攀挂或握住相邻的塔材。对这种小型杆塔从经济性、实用性分析来看，不论新建还是老塔改造均不宜安装固定式防坠装置。此时可给登高作业人员配备一对攀登双钩，攀登双钩由一对高强度铝合金整锻制作的挂钩、两条织带和一只缓冲器组成，如图 4–2 所示。

作业人员在攀登前先将连接器一端扣入坠落悬挂安全带前胸悬挂环，另一端扣入攀登双钩的环眼；攀登过程中将双钩交叉钩住铁塔，始终保证有一挂钩钩住铁塔，这也符合电力安全工作规程反复强调的“移动过程不失保护”的要求，如图 4–3 所示。

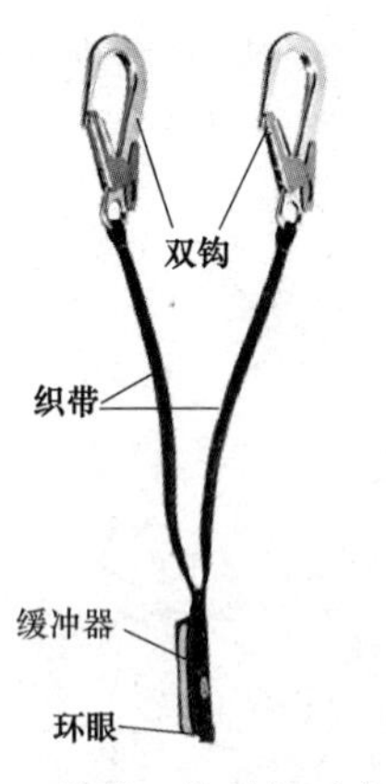

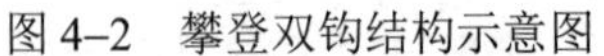
图 4–2　攀登双钩结构示意图

图 4–3　双钩使用示意图

使用双钩进行攀登作业，应保证始终有一只挂钩的扣挂位置不低于作业人员的腰部；确保不将双钩扣在垂直或倾斜的撑杆或一端自由的脚钉上，应将双钩扣在水平杆或双倾斜撑杆的交叉点处，如图 4–4 所示。

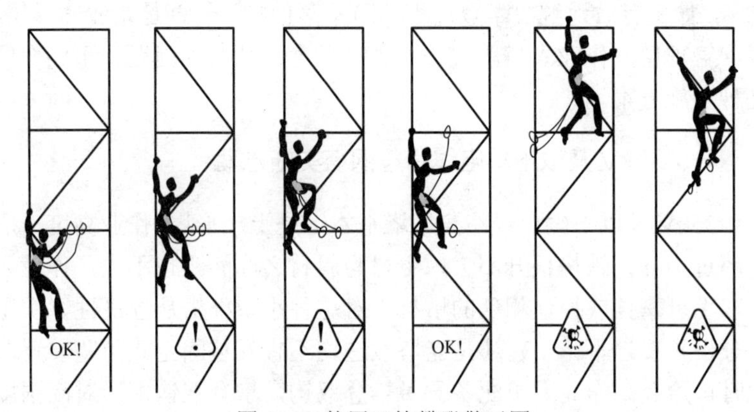

图 4–4　使用双钩攀登警示图

双钩攀登装置的优点：质量轻，携带方便，可实现作业人员一人一套、专人专用，既是移动作业用工具又可作为固定作业用工具，安全性较高，通用性较强。

双钩攀登装置的缺点：上下移动过程中每攀登一阶需拆、扣挂钩各一次，攀登速度较慢且费力。

二、110kV 及以上输电线路角钢塔实施方案

110kV 及以上输电线路角钢塔形式有上字形、干字形、鼓形、门形、酒杯形、猫头形等，结构形式繁多，作业高度一般较高，最高可达 370 余米，铁塔根开较大，主材宽度大，斜材宽度也大，塔材之间间距更大。对这种大型杆塔来说，宜安装固定式防坠落装置。

新设计新建设的杆塔，可安装爬梯式轨道型防坠装置，这是一种在单轨道上设置一系列左右对称脚钉的装置，如图 4–5 所示；还有一种框式爬梯轨道型防坠装置，其在单轨道爬梯的基础上增加了一个外框，使脚钉的刚度明显增加，较适宜高度高的杆塔，这种防坠装置也可不依附主材安装，如图 4–6 所示；也可安装简易的带脚钉轨道型防坠装置，它与爬梯式不同之处在于脚钉的设置是左右交叉的，如图 4–7 所示；有些爬梯式轨道型防坠装置还设计有途中休息的小平台，供攀登登高作业者途中歇脚放松（医学试验证明：登高时若脚心或脚掌受窄小凸物压迫，小腿易抽筋、麻木），休息小平台如图 4–8 所示。

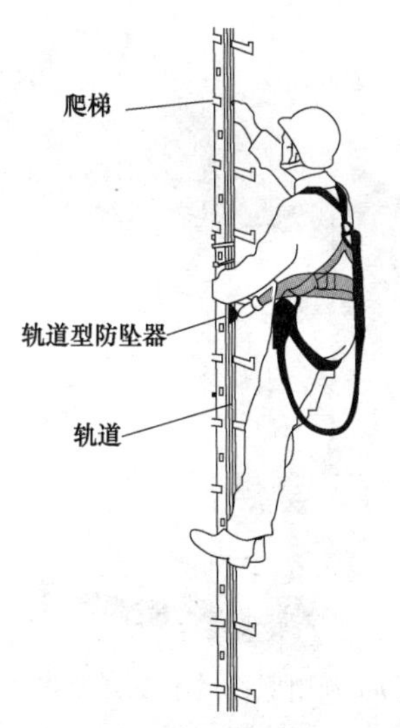

图 4–5　爬梯式轨道型防坠装置图

图 4–6　框式爬梯轨道型防坠装置图

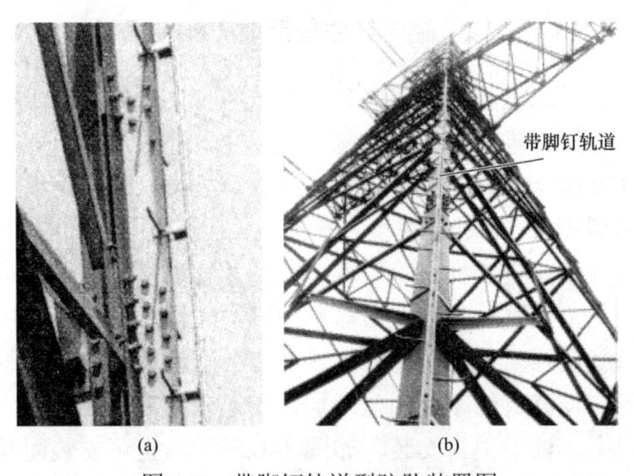

图 4–7　带脚钉轨道型防坠装置图

（a）脚钉轨道侧视图；（b）脚钉轨道正视图

旧杆塔改造时，应因地制宜地利用原杆塔上的脚钉设施，在设置脚钉的主材上铺设一根轨道，即可实施防坠落防护，如图 4–9 所示。

图 4–8　爬梯式轨道型防坠装置休息小平台示意图

图 4–9　利用原杆塔上脚钉设置防坠装置图

三、实施防坠落装置典型图例

以下防坠落装置典型图例中黑粗线为防坠落轨道安装示意线，主材上的防坠落装置应安装在带脚钉的铁塔腿上，杆塔横向防坠落保护可采用其他便于实施的形式，如图 4–10 所示。

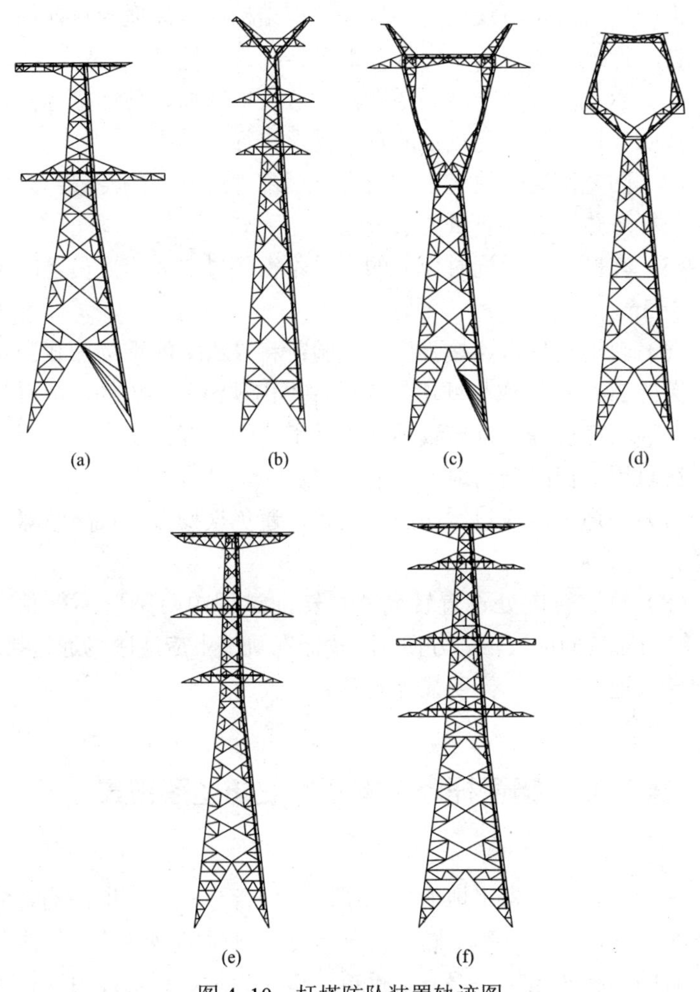

图 4–10　杆塔防坠装置轨迹图

（a）干字形转角塔；（b）羊角形双回路鼓形直线塔；（c）酒杯形塔；（d）猫头形塔；（e）双回路倒伞形直线塔；（f）双回路转角塔

四、防坠落装置轨道技术要求

防坠落装置轨道的技术要求如下：

（1）防坠落装置轨道应从距离地面 2.0m 及以上开始安装。

（2）防坠落装置轨道与杆塔连接应安全可靠、构造简单，不改变或影响杆塔的正常使用，不损害杆塔结构，且能适应目前国内常见的杆塔形式（如混凝土电杆、钢管杆、铁塔等）。

（3）轨道与杆塔连接的所有部件应采取防松、防卸措施，防卸范围按照当地实际情况规定的有关要求执行。

（4）防坠落装置轨道中的所有金属部件应采取热浸镀锌防腐，且应与杆塔热浸镀锌质量要求一致。

（5）在同一轨道同时作业的人员不得超过 3 人，人员之间距离不小于 3m。

（6）轨道与杆塔连接强度的检验：将 22kN 的重物加载到轨道上，保持 2min；轨道与杆塔的连接件不出现滑移、松动、金属部件撕裂、导轨变形等足以导致不能正常工作的情况。试验完毕后，防坠器在轨道上仍能顺畅地上下滑动。

（7）轨道末端应设置防脱出装置，避免误操作导致防坠器滑出轨道。

（8）轨道转向处设置转向器，转向过程中防坠器不得脱离轨道，转向器转向应灵活、方便。防坠器在轨道上应能顺畅通过接头、转向器等连接部位，无明显障碍感。

第二节　钢管杆塔及构架作业防坠落布置方案

随着城市及城郊土地的日趋紧缺，钢管杆的应用也日趋普遍，在华东、华南城市近郊的路边时常可见一排排的钢管杆，如西北路边特有的白杨树一样，整齐、挺拔、望不到头。钢管杆用钢管通常采用将钢板弯折成多边形、再焊接成一段管体，上下管体通过法兰连接组成；钢管塔或变电站构架主支撑架一般直接选用管材（无缝管或螺旋管）通过法兰连接组成。

一、钢管杆实施方案

新设计新建设的钢管杆，应采用框式爬梯轨道型防坠装置，如图 4–11 所示。

图 4–11　钢管杆框式爬梯轨道型防坠装置图

钢管杆在建设时通常已安装爬梯，拆除原爬梯安装新型的框式爬梯轨道型防坠装置显然不经济，同时，在拆除原爬梯过程中会存在比安装爬梯更多的不安全因素。下面我们通过某电力企业 QC 小组成果来介绍如何在已建成钢管杆上实施防坠落防护装置。

1. 钢管杆优点及相关规程要求

钢管杆优点及相关规程的要求如图 4–12 所示。

2. 作业危险因素分析

通过对来自生产一线、有 5 年以上线路工作经验并且在铁塔和钢管杆上均登塔作业过人员进行调查，得到以下结论：

（1）在铁塔上高空作业感到危险性大的人占总调查人数的 14.3%。

（2）在钢管杆上高空作业感到危险性大的人占总调查人数的 85.7%。

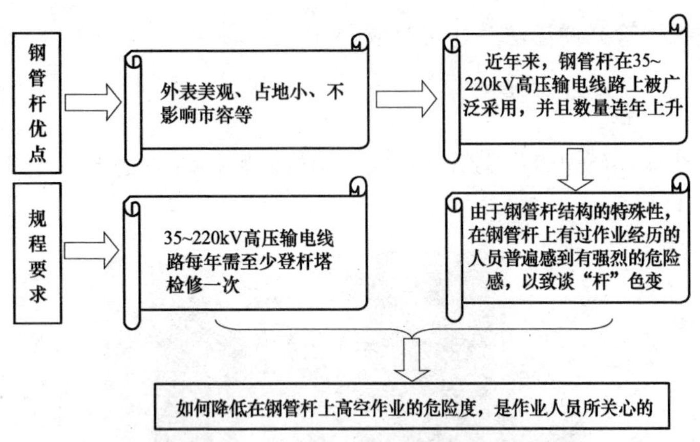

图 4–12　钢管杆优点及相关规程要求

在实际作业中检修人员提出的引起作业危险的一些因素，统计如表 4–1 所示。

表 4–1　　作业危险因素

类别	危险因素					
	在横担上作业易坠落	攀登爬梯时易坠落	钢管杆太高	钢管杆太滑	工作不习惯	技能不高
人数（共 35 人）	35	27	2	7	5	5
比例（%）	100	77	5.7	20	14.3	14.3

（1）在横担上作业易坠落的原因分析如图 4–13、表 4–2 所示。

表 4–2　　在横担上作业难度对比分析

类别项目	出横担时	人员移动难度	工器具移动难度	同样工作作业危险度
在铁塔横担上作业	手可以抓角钢行走	易	易	小
在钢管杆横担上作业	行走时无处可抓	难	难	大

（2）攀登爬梯时易坠落的原因分析如表 4–3 所示。

图 4–13　钢管杆横担图

表 4–3　爬梯结构对比分析

类别项目	难度	危险性	原　因
爬铁塔	易	小	（1）攀爬过程中，在角钢处可以停留、休息。 （2）攀爬过程中，视野开阔，不易产生心理压力。 （3）爬脚钉时有一定的倾斜度，省力
爬钢管杆	难	大	（1）攀爬过程中，只有光滑的脚钉可以停留，无法休息。 （2）攀爬过程中，视野不够开阔，容易产生心理压力。 （3）爬梯比较陡，基本是铅直的，费力

3. 改进方案

（1）在横担上加装护栏式防护装置，其要求为：

1）对带电导线有足够的安全距离；

2）作业人员出横担时可以用手抓住护栏，从而保证作业人员的安全。

（2）在钢管杆装攀登用防坠装置，其要求为：

1）强度应达到安全要求；

2）攀登爬梯时万一滑落，防坠装置可以防止作业人员从高空坠落。

如在钢管杆爬梯附近加装型号为 GJ–70 的钢绞线，紧固位置一端选在塔顶上端，另一端选在靠近地面第一、二段钢管杆连接处。

检修作业人员上杆时，穿戴坠落悬挂安全带，携带防坠装置，等爬到第一、二节钢管杆连接处时将防坠器扣挂于钢绞线上，作业人员连着防坠器慢速上下攀登爬梯时，防坠器可以跟着作业人员移动；当作业人员突然失足跌落时，防坠器将自锁，固定在钢绞线上，防止作业人员坠落，如图 4–14 所示。

在爬梯附近加装钢绞线、制作防坠装置的优点：

a. 只需一段钢绞线；

b. 防坠器轻巧、方便、随身携带；

c. 安全性能好，若检修人员不慎坠落，防坠器受到向下冲击力后会立即锁死，避免作业人员坠落或受到较大冲击力。

用一根钢绞线、两只 NUT 线夹，再给作业人员配置一套导索型防坠器，最多花销 500 元，就能将原来望而生畏钢管杆制服！编者强力推荐这种既安全又简约的好方案。

这种既安全又简约的方案同样适用已建成的角钢塔，如图 4–15 所示，在带脚钉的主材附近加装导索型防坠装置。

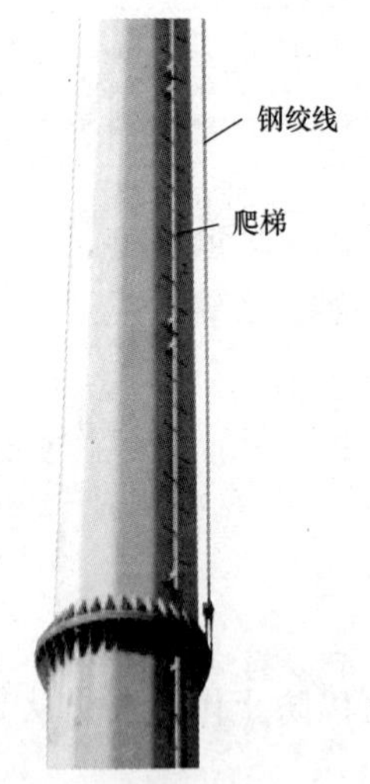

图 4–14　钢管杆在爬梯附近加装导索型防坠装置图

图 4–15　在带脚钉的主材附近加装导索型防坠装置图

二、钢管角钢组合塔实施方案

钢管角钢组合塔一般是用钢管做主材的高大结构输电线路杆塔，在大跨越输电线路中应用广泛，其可采用框式爬梯轨道型防坠装置，如图 4–16 所示。

三、变电站构架实施方案

变电站构架相对于输电线路杆塔其结构尺寸不大，可在构架主支撑架上设置爬梯轨道型防坠装置，如图 4–17 所示。

图 4–16　钢管角钢组合塔防坠装置图

图 4–17　变电站构架防坠装置图

第三节　混凝土电杆作业防坠落布置方案

上面介绍了角钢塔、钢管杆塔及构架实施的防坠落方案，下面将探讨 10kV 及以下配电网线路用混凝土电杆的防坠落方案。

如今，虽然许多城市都在对配电网实施“天改地”项目（将架设在天空的电线，用电缆代替，埋入地下，以提高城市的景观），但那仅仅是对城区主干道及相邻区域配电网的改造。城区的其他地方或者近郊，也包括广大的乡村，配电网的支撑主力仍然是混凝土电杆。据不完全统计，钢铁制杆塔总数只是混凝土电杆总数的零头；同样据统计，混凝土电杆作业坠落事故是钢铁制杆塔作业坠落事故的 20 倍之多。因此，对混凝土电杆等配电线路检修作业的防坠落装置研究，显得十分重要。

一、混凝土电杆线路检修作业的防坠落装置

混凝土电杆作业高度一般在 8～12m，个别可达 15m。其绝大多数均设立在道路边（包括那些羊肠小道），不论从线路运行的安全角度还是从经济效益考核，均不宜对其实施固定式防护装置，而实施移动式防护装置较适宜，此时检修作业人员的标准配置为：坠落悬挂安全带和移动式防坠落装置设备包各一件，防坠落装置设备包型式有多种，图 4–18 所示仅是其中较简易的两款。

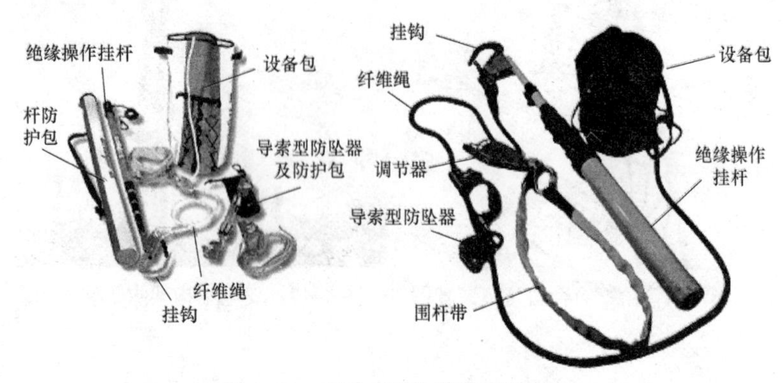

图 4–18　移动式防坠落装置设备包

1. 伸缩式绝缘操作挂杆

伸缩式绝缘操作挂杆由以下主要部件组成：

（1）伸缩绝缘杆。伸缩绝缘杆杆体由绝缘材料制作，整杆有若干根绝缘杆通过旋转连接器连接（有点像伸缩式钓鱼竿），随作业高度的变化可调节其长度，伸缩绝缘杆的规格有 7、9、11、13、15m 等。

（2）开启可调式挂钩。开启可调式挂钩由高强度铝合金制作的

钩体、卡式连接杆、开启拉绳、保险扣和连接导索挂环组成，拉动开启拉绳，保险扣能开启，如图 4–19 所示。

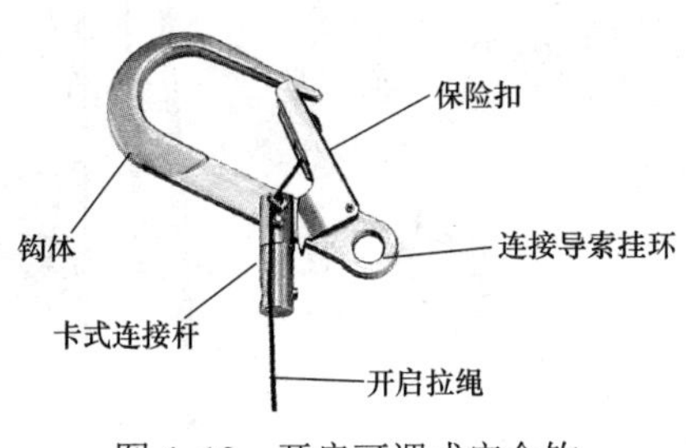

图 4–19　开启可调式安全钩

（3）开启拉绳。开启拉绳是一根普通的静力绳，其一端与保险扣相连，穿过卡式连接杆上的定位环，可延伸至伸缩绝缘杆的底端。

（4）导索。配套导索应选择动力绳，一端通过连接器与开启可调式挂钩的挂环相连，另一端悬一重物，可让导索保持垂直。

每个配电线路作业班组可配备不同长度的移动式防坠落装置设备包 1～2 件。

2. 移动式防坠落装置设备使用说明

以下介绍移动式防坠落装置设备的使用要求及说明。

（1）将防坠落装置设备包中的各部件取出。

（2）组装伸缩式绝缘操作挂杆的各部件，再将伸缩绝缘杆各节拉出并旋紧各节点。

（3）拉动开启拉绳并双手握住伸缩绝缘杆，将杆端的挂钩扣入横担挂环内，松开开启拉绳并放开伸缩绝缘杆，调整导索配重的位置，让导索保持垂直。

（4）将导索型防坠器套入导索，并通过连接器连接在作业人员坠落悬挂安全带的前胸或后背悬挂环，作业者双脚套上脚扣登杆，此时导索型防坠器随作业人员一块移动。作业人员佩戴导索型防坠器慢速上下攀登时，导索型防坠器可随着作业人员移动。当作业人员突然失足跌落时，导索型防坠器将自锁，固定在导索上。防止作业人员坠落，如图 4–20 所示。

二、电气化铁路接触网检修作业的防坠落装置

当然，移动式防坠落装置的伸缩式绝缘操作挂杆也可以直接钩挂在导线上，如在电气化铁路接触网检修时（接触网是沿铁路线上

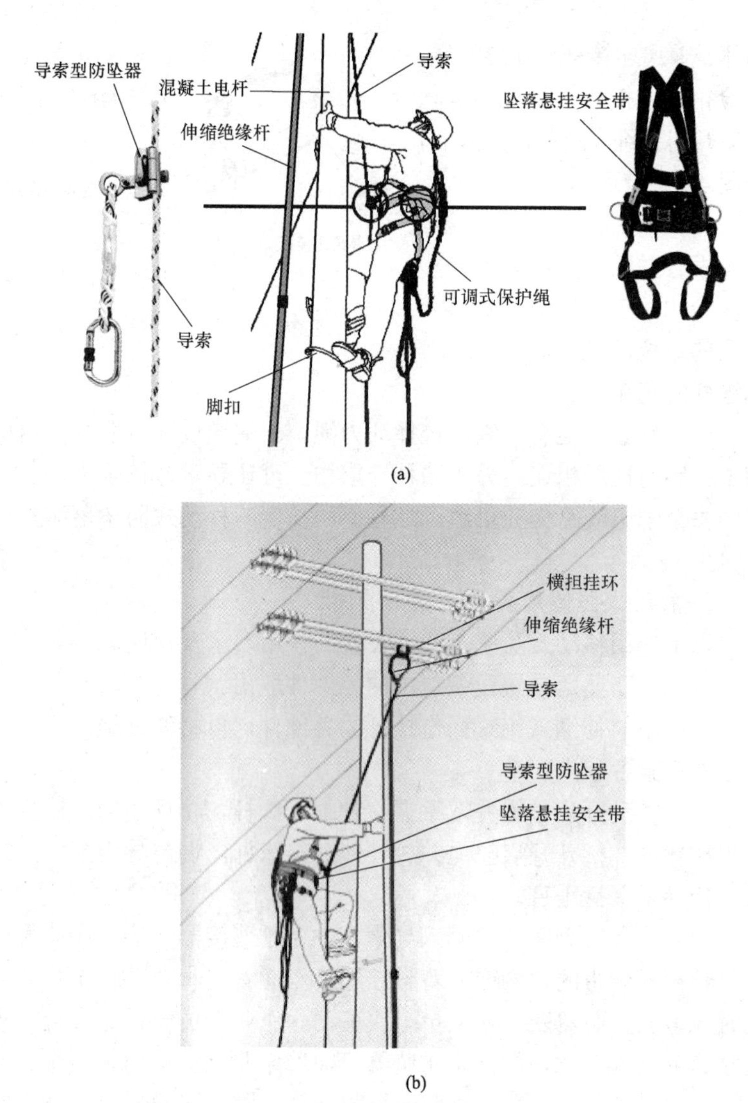

图 4–20　移动式防坠落装置示意图

（a）移动式防坠落装置设备分解示意图；（b）移动式防坠落装置设备使用示意图

空架设的向电力机车供电的特殊形式的输电线路，由接触悬挂、支持装置、定位装置、支柱与基础等部分组成，电压为 25kV 工频单相交流，其担负着把从牵引变电站获得的电能直接输送给电力机车使用的重要任务），可参照图 4–21 所示进行作业人员防坠落装置装备配置。

(a)

(b)

图 4–21　电气化铁路接触网检修防坠落方案示意图

（a）用伸缩式绝缘操作挂杆挂可调式挂钩及导索；

（b）通过导索型防坠器将作业者锁定在导索上

电气化铁路接触网的检修作业步骤如下：

（1）将绝缘伸缩梯打开，倚靠在待检修的接触网上。

（2）用伸缩式绝缘操作挂杆将可调式挂钩和导索挂在接触网上。

（3）登梯前，将导索型防坠器扣入导索，并通过连接器连接在作业人员坠落悬挂安全带的前胸或后背悬挂环，然后登梯至作业位置进行检修作业。

三、移动式防坠落装置

以下主要讲述移动式防坠落装置的技术要求和预防性试验要求。

（一）技术要求

移动式防坠落装置中的挂钩、导索、导索型防坠器等应符合对应器材自身的技术要求。

伸缩绝缘杆由若干根绝缘杆组成，绝缘杆一般由绝缘管制作。圆形绝缘管主要采用标准型；异形绝缘管主要采用标准型的椭圆形管和三角形管。以下介绍绝缘管的技术要求，包括绝缘管的外观、尺寸、物理性能、机械性能和电气性能等。

1. 外观

产品表面应光洁平整、颜色均匀，应无裂纹、气泡、毛刺、纤维裸露、纤维浸润不良等缺陷；切割面应平齐，无分层。

2. 尺寸

各类圆形及异形绝缘管材的标称尺寸及尺寸偏差应符合表4–4～表4–6的规定。

表4–4　标准型圆形管标称尺寸及尺寸偏差　mm

标称外径	外径允许偏差	最小壁厚	壁厚允许偏差
50，60，70	±0.8	2.4	±0.3

表4–5　椭圆形管标称尺寸及尺寸偏差　mm

标称外径（*a*/*b*）	外径允许偏差	最小壁厚 *t*	壁厚允许偏差
50/30	±0.4	2.8	±0.2
60/40	±0.5	2.8	±0.25

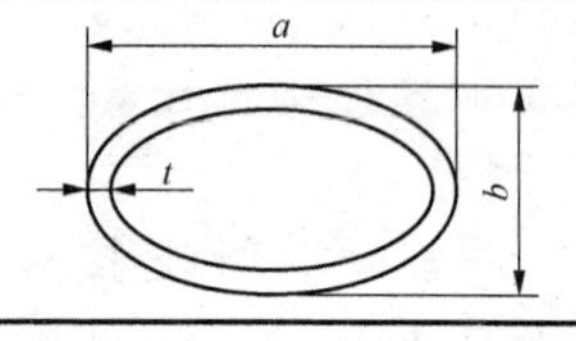

a—长轴直径；*b*—短轴直径；*t*—壁厚

表4–6　三角形管标称尺寸及尺寸偏差　mm

高度 *a*	高度允许偏差	最小壁厚 *t*	壁厚允许偏差
50，55	±1.5	1.8	±0.3
	a—高度；*t*—壁厚		

3. 物理性能

管材物理性能应符合表 4–7 的规定。

表 4–7　　圆形及异形绝缘管材物理性能要求

序号	项目	要　求
1	密度（g/cm^3）	≥1.75
2	吸水率（%）	≤0.15
3	渗透	沿试件纵向切开，渗透距离应不大于 10mm

4. 机械性能

绝缘管材应具有一定的抗弯、抗扭以及承受径向挤压和耐机械老化性能。

（1）抗弯性能。

1）圆形绝缘管材的抗弯性能应符合表 4–8 的规定。

表 4–8　　圆形绝缘管材的抗弯性能要求

管材外径（mm）	支架间距离（m）	初始弯曲负荷（F_d）（N）	挠值差*（mm）	额定抗弯负荷（F_r）（N）
50	2.0	1650	45	3300
60	2.0	1750	45	3500
70	2.0	1900	45	3800

* 挠值差为施加初始弯曲负荷的 1/3、2/3、3/3 形成的挠度值之差。

2）椭圆形绝缘管材的抗弯性能应符合表 4–9 的规定。

表 4–9　　椭圆形绝缘管材的抗弯性能要求

管材外径（a/b）（mm）	支架间距离（m）	初始弯曲负荷（F_d）（N）	挠值差*（mm）	额定弯曲负荷（F_r）（N）
50/30	2.0	2000	45	4000
60/40	2.0	2500	45	5000

* 挠值差为施加初始弯曲负荷的 1/3、2/3、3/3 形成的挠度值之差。

3）三角形绝缘管材的抗弯性能应符合表 4–10 的规定。

表 4–10　三角形绝缘管材的抗弯性能要求

管材高度（mm）	支架间距离（m）	初始弯曲负荷（F_d）（N）	挠值差*（mm）	额定弯曲负荷（F_r）（N）
50	2.0	1650	50	3300
55	2.0	1650	45	3300

* 挠值差为施加初始弯曲负荷的 1/3、2/3、3/3 形成的挠度值之差。

（2）抗扭特性。

1）圆形绝缘管材的抗扭性能应符合表 4–11 的规定。

表 4–11　圆形绝缘管材的抗扭性能要求

管材外径（mm）	初始扭矩（N·m）	偏转角（°）	额定扭矩（N·m）
50	96	40	192
60	112	40	224
70	128	40	256

2）椭圆形绝缘管材的抗扭性能应符合表 4–12 的规定。

表 4–12　椭圆形绝缘管材的抗扭性能要求

管材外径（*a*/*b*）（mm）	初始扭矩（N·m）	偏转角（°）	额定扭矩（N·m）
50/30	96	40	192
60/40	112	40	224

3）三角形绝缘管材的抗扭性能应符合表 4–13 的规定。

表 4–13　三角形绝缘管材的抗扭性能要求

管材高度（mm）	初始扭矩（N·m）	偏转角（°）	额定扭矩（N·m）
50	96	40	192
55	112	40	224

（3）径向挤压特性。

1）圆形绝缘管的径向挤压性能应符合表 4–14 的规定。

表 4–14　　圆形绝缘管材的径向挤压性能要求

管材外径（mm）	初始挤压力（N）	额定挤压力（N）
50	2000	4000
60	1500	3000
70	1400	2800

2）椭圆形绝缘管材的径向挤压性能应符合表 4–15 的规定。

表 4–15　　椭圆形绝缘管材的径向挤压性能要求

管材外径（a/b）(mm)	初始挤压力（长轴）(N)	额定挤压力（长轴）(N)
50/30	3000	6000
60/40	1500	3000

3）三角形绝缘管材的径向挤压性能应符合表 4–16 的规定。

表 4–16　　三角形绝缘管材的径向挤压性能要求

管材高度（mm）	初始挤压力（N）	额定挤压力（N）
50	1400	2800
55	1250	2500

（4）机械疲劳性能。

1）绝缘管材抗机械疲劳性能应符合 GB 13398《带电作业用空心绝缘管泡沫填充绝缘管和实心绝缘棒》的规定。试品在经过弯曲循环后，目测检查时，试品应无损伤和永久变形。

2）经过弯曲循环试验后，试品还应通过受潮前及受潮后的电气性能试验。

3）受潮前后实测的电流应满足表 4–17 中的规定值。

5. 电气性能

绝缘管材电气性能包括受潮前和受潮后的电气性能、绝缘耐受试验和湿态绝缘性能。

（1）受潮前和受潮后的电气性能。各类绝缘管材应进行 300mm

长试品的 1min 工频耐压试验，包括受潮前和受潮后的试验。试品在 100kV 工频电压下的泄漏电流应符合表 4–17 的规定。

表 4–17　　试品工频耐压试验及泄漏电流允许值

序号	项　目	1min 工频耐压/kV（r.m.s）	泄漏电流（μA）	
			I_1	I_2
1	受潮前和受潮后的电气性能	100	≤10	≤30
2	绝缘耐受性能	100		

注　I_1 为受潮前泄漏电流值，I_2 为受潮后泄漏电流值。

（2）绝缘耐受试验。各类绝缘管材应能耐受相隔 300mm 的两电极间 1min 工频电压试验。试品在 100kV 工频电压下应无滑闪、无火花或击穿，表面无可见漏电腐蚀痕迹，无可察觉的温升。

（3）湿态绝缘性能。各类绝缘管材应进行 1200mm 长试品的 1h 淋雨试验。试品在 100kV 工频电压下应无滑闪、无火花或击穿，表面无可见漏电腐蚀痕迹，无可察觉的温升。

（二）预防性试验要求

移动式防坠落装置的预防性试验要求主要包括伸缩式绝缘操作挂杆中绝缘杆的外观检查和工频耐压试验，试验周期为 1 年。

1. 绝缘杆的外观检查要求

绝缘杆应有醒目且牢固的型号标识。绝缘杆的接头可采用固定式，但连接应紧密牢固。绝缘杆应光滑，绝缘部分应无气泡、皱纹、裂纹、绝缘层脱落、严重的机械或电灼伤痕，固定连接部分应无松动、锈蚀和断裂等现象。手持部分护套与绝缘杆连接紧密、无破损，不产生相对滑动或转动。

2. 绝缘杆的工频耐压试验要求

在进行绝缘杆的工频耐压试验前，对绝缘杆表面受潮或脏污者应先进行干燥或去污处理。

（1）试品布置。工频耐压试验的试品可采用垂直悬挂方式或水平绝缘支撑方式。接地极的对地距离不应小于 1m。对多个试品同时进行试验时，试品间距离 d 应不小于 500mm。垂直悬挂方式时，用直径ϕ不小于 30mm 的单导线作模拟导线，模拟导线两端应设置均压球（或均压环），其直径 D 不小于 200mm，均压球距试品不小于 1.5m，如图 4–22 所示。

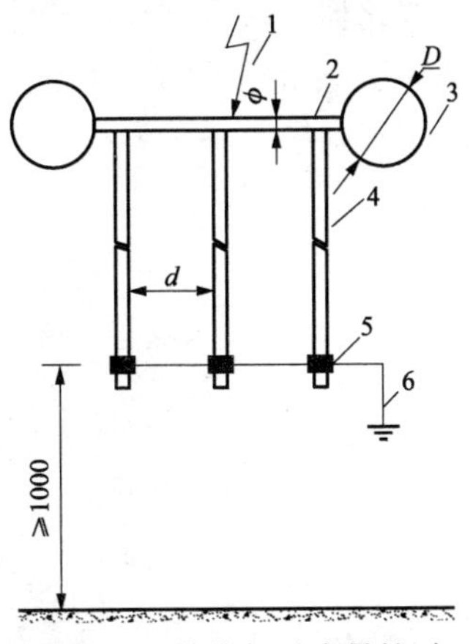

图 4–22　绝缘杆垂直悬挂时工频耐压试验接线图

1—高压引线；2—模拟导线，$\phi \geqslant 30$mm；3—均压球，D=200～300mm；4—试品，试品间距 $d \geqslant 500$mm；5—下部试验电极；6—接地引线

（2）试验电极布置。试验电极布置于试品绝缘部分的最上端，也可用试品顶端的金具作高压试验电极。高压试验电极和接地极间的距离（试验长度）为 400mm，如在两试验电极间有金属部件时，其两试验电极间的距离还应在此数值上再加上金属部分的总长度。

接地极和高压试验电极（无金具时）以宽 50mm 的金属箔或金属丝包绕。

对绝缘杆缓慢升高电压，以便能在仪表上准确读数，达到 0.75 倍试验电压值起，以每秒 2%试验电压的升压速率至 45kV，保持 1min，然后迅速降压，但不能突然切断，试验中各绝缘杆不应发生闪络或击穿，试验后绝缘杆应无放电、灼伤痕迹，不应发热。

四、混凝土电杆杆端作业防坠落技术

混凝土电杆杆端作业主要是安装铁横担、绝缘子、金具、导线等，作业半径基本在 1m 之内，作业人员脚蹬登高板或脚扣，仰身即可用手够着线路器材。混凝土电杆杆端作业时的典型防坠落装备配置为：围杆作业安全带一件、可调式保护绳（围杆绳或带）一根、织带收放型防坠器一只。作业开始时，先采用移动式防坠落装置的登杆技术登至杆端，找一固定点悬挂织带收放型防坠器（一般选择 3m 规格），再用可调式保护绳圈围混凝土电杆（切记：将绳上的滑动式耐磨保护套移至与混凝土电杆或其他器材直接接触区域），准备工作做好后，应再用力拉一下保护绳，确认无误后，才可仰身对杆端线路器材进行更换或检修作业，如图 4–23 所示，从图中可以发现该防坠落技术的 3 个基点，即脚部是支点、腰部是挂点、胸部是备用点（坠落保护悬挂点）。

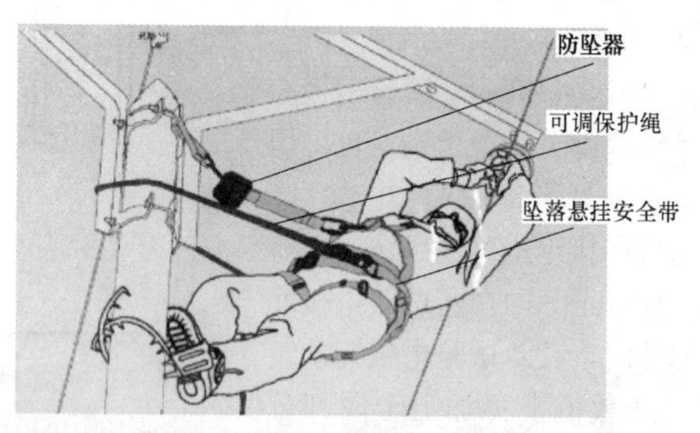

图 4–23　混凝土电杆杆端作业防坠落示意图

这里需特别强调混凝土电杆杆端作业时可调式保护绳的使用，应保证保护绳与混凝土电杆的接触处高于保护绳与作业人员安全带的连接处，如图 4–24 所示。

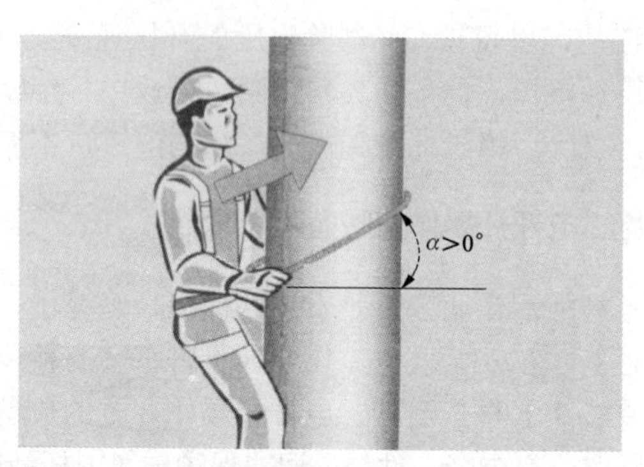

图 4–24　保护绳与混凝土电杆接触位置示意图

图 4–25 所示带型防坠落装置，通过 100kg 模拟人的坠落试验，发现对在混凝土电杆杆端进行作业、无处悬挂安全带的人员有很好的防坠落效果；且装置简易轻便价廉，值得推广应用。

(a)

(b)

图 4–25　混凝土电杆杆端带型防坠落装置坠落试验示意图

（a）试验前；（b）试验后

第四节　变电站检修作业防坠落布置方案

相对于杆塔来说，变电站电力设备（如断路器、隔离开关、变压器、互感器、避雷器等）的高度明显较低，但仍超过高处作业的最低高度；并且在电力设备上作业时，尤其是当设备的耐碰撞性能较差、作业立足点较小时，往往会使作业人员顾此失彼而手忙脚乱，导致失足坠落。图 4–26 所示，检修人员正在对户内变电站的避雷器进行维护，此时检修人员的作业高度大于 2m，因无可悬挂安全带的固定位置，检修人员只能在设备平台上进行无保护作业，但不能因电力设备的作业高度较低而忽略坠落防护。

图 4–26　户内变电站无保护作业图

不论电力设备在室外还是室

内，其一般均有一设备平台，正是这个设备平台成全了实施防坠落装置的布置方案，下面介绍适用于变电站电力设备检修作业用的防坠落装置——拆卸型检修平台和复合材料快装脚手架。

一、拆卸型检修平台

以下介绍拆卸型检修平台（简称检修平台）的分类、技术要求和试验要求等内容。

（一）分类

检修平台按使用要求和形式分为单柱型检修平台、平台板型检修平台和梯台型检修平台。

1. 单柱型检修平台

单柱型检修平台是变电站检修时固定于单一设备基座上、用于悬挂安全带或防坠器的柱式防坠落装置。按其底部与设备基座连接形式分为槽钢型、方钢型、角钢型及通用型等。

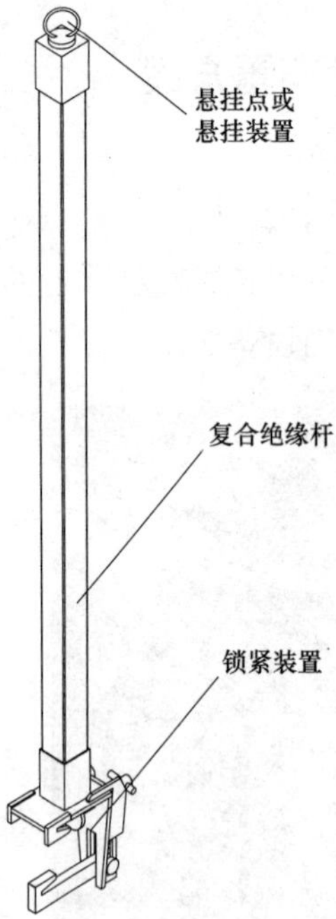

悬挂点或悬挂装置

复合绝缘杆

锁紧装置

图 4–27　单柱型检修平台结构示意图

单柱型检修平台主要由两部分组成：① 金属制作的可调式横向锁紧装置；② 一个圆形或矩形支柱，支柱的上部有带孔的连接环，可扣挂连接器（安全扣或挂钩）等防护器材。高端的产品支柱上部还有一伸缩调节器，通过旋转调节器，可适当地伸缩支柱；支柱多数采用纤维增强体复合材料、带孔的连接环外部喷涂有一层塑胶或套覆一层柔性材料，以防支柱碰伤电力设备或接触带电体，如图 4–27 所示。

单柱型检修平台使用过程如下：

（1）作业人员将梯具靠在设备平台旁，登上梯具将单柱型检修平台安装在设备平台上。

（2）作业人员登梯上设备平台后，先将织带收放型防坠器一端通过连接器扣入支柱上的连接环，另一端通过连接器与作业人员身上的坠落悬挂安全带悬挂环相连，然后开始检修作业，如图 4–28 所示。

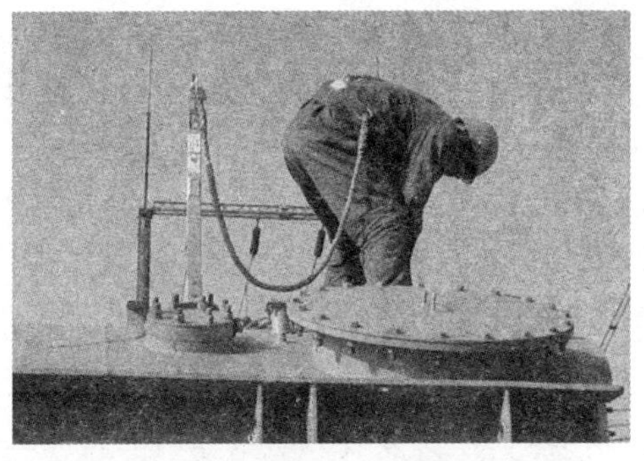

图 4–28　单柱型检修平台使用示意图

（3）检修完毕，解开扣入安全带的连接器，沿梯具下撤，途中拆除单柱型检修平台。

2. 平台板型检修平台

平台板型检修平台是变电站检修时固定于设备基座上、用于操作人员站立及悬挂安全带或防坠器的作业平台；按用途分为刀闸检修平台、开关检修平台、互感器检修平台和通用检修平台。结构形式如图 4–29 所示。

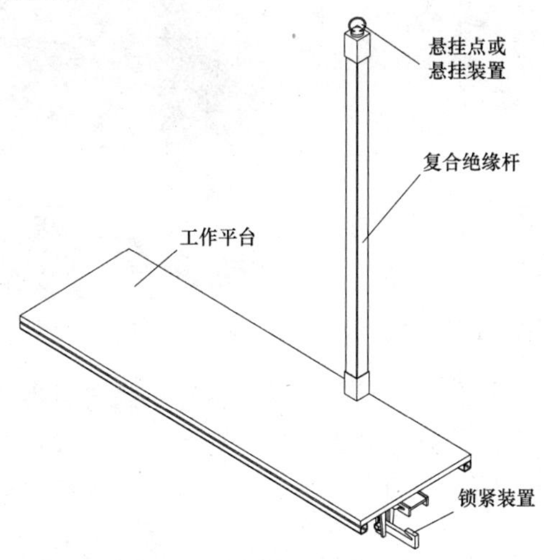

图 4–29　平台板型检修平台结构示意图

3. 梯台型检修平台

梯台型检修平台是变电站检修时固定于设备基座上、用于操作人员登高、站立及悬挂安全带或防坠器的作业平台；按用途分为刀闸检修平台、开关检修平台、互感器检修平台和通用检修平台。结构形式如图 4–30 所示。

梯台型检修平台由两部分组成：一部分是纤维增强体复合材料制作的组合梯台，组合梯台底部有金属制作的可调式横向锁紧装置，上部有工作平台；另一部分是门型支柱，支柱下部可插入组合梯台并通过锁紧销进行牢固连接，门型支柱上部有带孔的连接环，可扣挂连接器（安全扣或挂钩）等防护器材，门型支柱上部还有一副可翻动的防护栏，如图 4–31 所示。

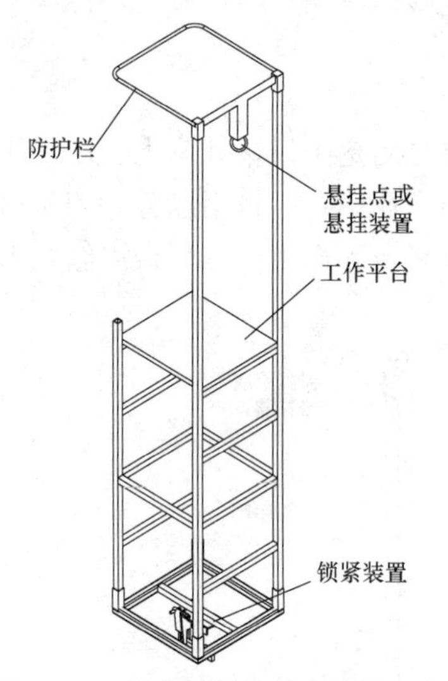

图 4–30　梯台型检修平台结构示意图

图 4–31　梯台型检修平台

变电站电力设备专用的防坠落装置原则上是可拆卸式的，在电力设备平台可利用面积满足条件的基础上，也可设计成隐身固定式结构，即底座先固定在设备平台上，支柱可倾覆在平台上，作业时再将支柱竖立起来。

（二）技术要求

用于制造检修平台的主构件宜选用复合材料；金属零件宜采用强度高、密度小的金属材料；并按规定程序批准的图样制造，其结构型式和材质选用均应符合节约能源、延缓老化和轻质高强的原则。

检修平台的复合材料构件表面应光滑，绝缘部分应无气泡、皱纹、裂纹、绝缘层脱落、明显的机械或电灼伤痕，玻璃纤维布（毡、丝）与树脂间黏接完好，不得开胶。

检修平台的金属材料零件表面应光滑、平整，棱边应倒圆弧、不应有尖锐棱角，应进行防腐处理。铝合金宜采用表面阳极氧化处理；黑色金属宜采用镀锌处理；可旋转部位的材料宜采用不锈钢。

检修平台应具有足够的机械强度、电气强度、稳定性能和良好的抗老化性，应能承受使用中可能出现的机械载荷，并能经受设计的工作电压、工作温度及环境条件等的各种考验。

检修平台供操作人员站立、攀登的所有作业面应具有防滑功能。

检修平台作业面上方不低于 1m 的位置应配置安全带或防坠器的悬挂装置，梯台型检修平台上方 1050～1200mm 处应设置防护栏。

梯台型检修平台的上下相邻踏档（或踏板）的中心间距不应大于 360mm。

检修平台的底部应有能与设备基座配套的、轻便的、牢固的锁紧装置，且应方便装卸。

检修平台的上部端口应采用金属材料包裹或嵌入具有相等防腐性能的端帽。

检修平台总重不应大于 25kg。

（三）试验要求

检修平台试验分为型式试验、验收试验和预防性试验。

1. 型式试验

检修平台型式试验包括外观及组装功能检查、产品标志的耐久性试验、机械试验、老化试验和电气试验。

（1）外观及组装功能检查。用肉眼或手摸对外观进行检查，各构件及零件外观应符合检修平台相关技术要求；按说明书的要求搭建检修平台，其结构应合理完整，各构件应完好，连接部位应灵活、无卡阻现象等。

（2）产品标志的耐久性试验。标志应用浸过水的抹布擦 1min，然后再用无水乙醇浸过的抹布擦拭 1min。如果标志依然清晰，标记、文字没有模糊或丢失则试验通过。用压印或雕刻制成的标志不需要进行耐久性试验。

（3）机械试验。机械试验项目主要包括尺寸、强度试验、坠落冲击试验和构件耐冲击试验等。

1）尺寸。测量检修平台主构件及零件等，应符合设计图样的尺寸要求。长度和支架间的距离允许公差应在±2%以内。

2）强度试验。强度试验项目主要包括平台强度试验、悬挂装置强度试验和踏档强度试验等。

a. 平台强度试验。将平台板型、梯台型检修平台按说明书要求安装在合适的试验架上，置于工作状态。在检修平台作业面施加 2.0 倍额定工作载荷的测试重物，测试重物直径ϕ300mm±10mm，持续作用 5min，卸载前、后，检修平台不应发生倒塌、主构件断裂、作业面开裂或连接件破裂等情况。试验布置如图 4–32 所示。

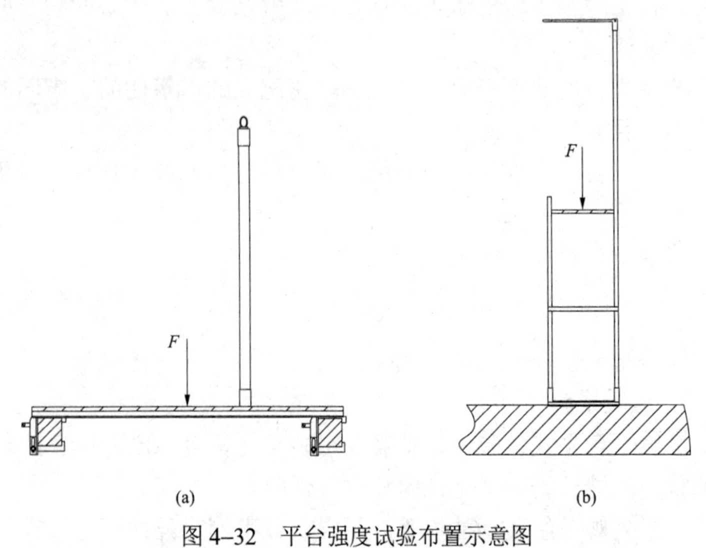

图 4–32　平台强度试验布置示意图

（a）平台板型检修平台；（b）梯台型检修平台

b. 悬挂装置强度试验。将检修平台按说明书要求安装在合适的试验架上，置于工作状态。在安全带或防坠器的悬挂装置上悬挂2.0倍额定工作载荷的测试重物，持续作用5min，悬挂装置不应发生明显永久变形等情况。试验布置如图4–33所示。

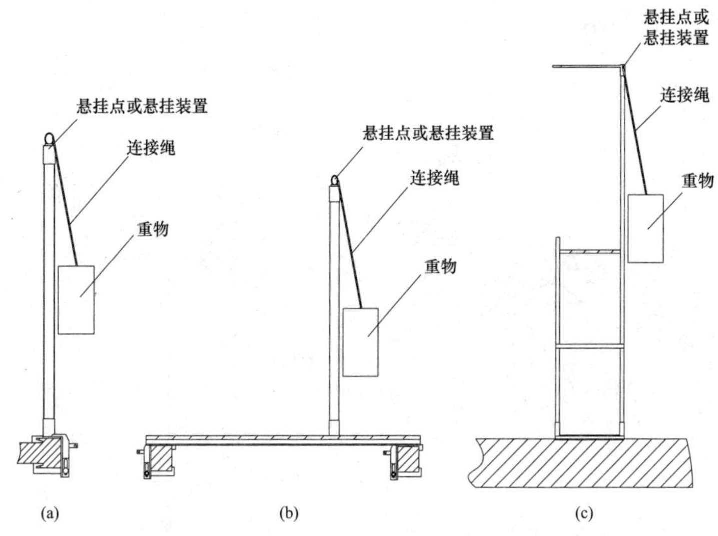

图4–33　检修平台悬挂装置强度试验布置示意图

（a）单柱型检修平台；（b）平台板型检修平台；（c）梯台型检修平台

c. 踏档强度试验。将梯台型检修平台按说明书要求安装在合适的试验架上，置于工作状态。任选一个平台踏档施加200kg载荷，持续作用5min，负荷施加的宽度为100mm，并应加载在踏档中间，卸载后踏档不应出现开裂、弯折等情况。试验布置如图4–34所示。

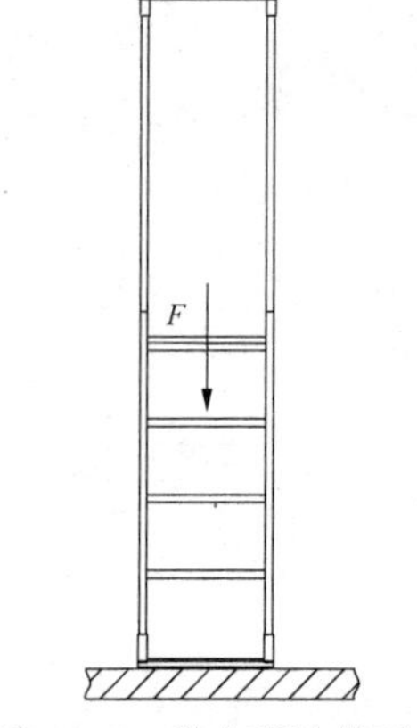

图4–34　梯台型检修平台踏档强度试验布置图

3）坠落冲击试验。将检修平台按说明书要求安装在合适的试验架上，置于工作状态。取100kg模拟人，将安全绳（1.0m）的一端连接器与100kg模拟人的安全带背部悬挂环相连，另一端扣入检修平台的悬挂点或悬挂装置（防坠器、缓冲器等附件）。提升模拟人，使背部悬挂环与悬挂点或悬挂装置的悬挂环处在同一高度，保证悬挂点到释放点的水平距离小于 300mm；释放模拟人，静止 1min 后，检修平台的倾斜不应超过 30°，其主构件不应发生断裂等情况。试验布置如图 4–35 所示。

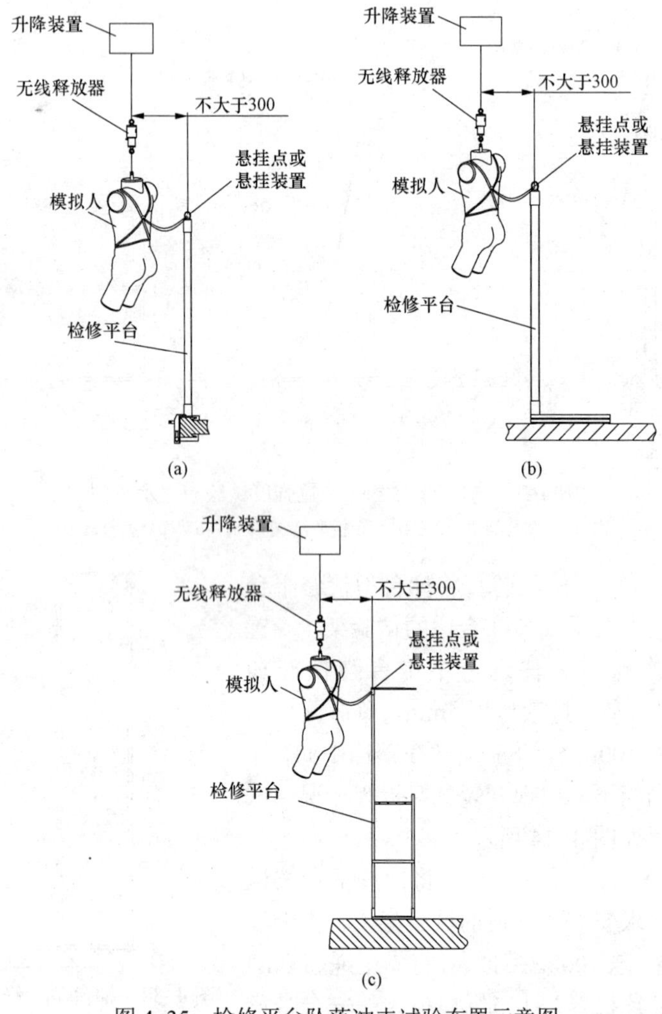

图 4–35　检修平台坠落冲击试验布置示意图

（a）单柱型检修平台；（b）平台板型检修平台；（c）梯台型检修平台

4）构件耐冲击试验。分别在检修平台的立柱及悬挂构件随机选取一段为试样。试验用钢锤的质量为 1kg，下端为圆弧形，圆弧半径为（20±1）mm，下落冲击距离 H 为 200mm。将试样搁置在试验机基础上，调整钢锤使其中心线与试样冲击点在同一垂线上，释放重锤，使其自由下落冲击试样一次，试样不应出现开裂。试验布置如图 4–36 所示。

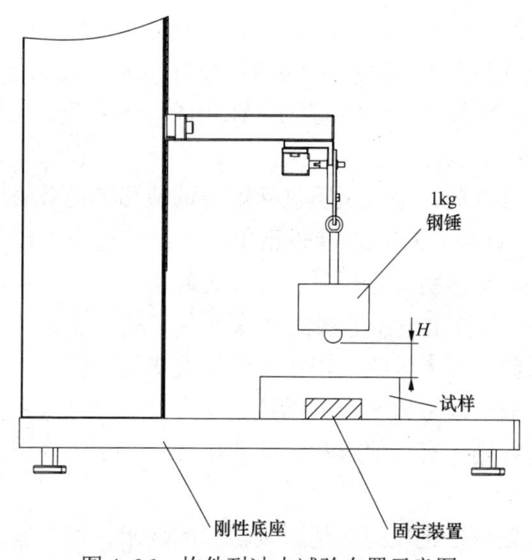

图 4–36　构件耐冲击试验布置示意图

（4）老化试验。老化试验用试样分别在检修平台的立柱及悬挂构件随机选取（湿热交变老化试验可对整体试样进行）。

1）低温冲击试验。将试样放置在（–45±2）℃低温箱中 1h，从低温箱中取出试样后 1min 内完成构件耐冲击试验。

2）紫外灯老化试验。紫外灯老化试验箱应满足 GB/T 16422.3《塑料实验室光源暴露试验方法　第 3 部分：荧光紫外灯》中的要求。将试样固定在紫外灯老化试验箱转架上，转架每分钟旋转一周。紫外灯类型为 UV–A，在 60℃（黑标温度）下辐照暴露 8h，然后在 50℃（黑标温度）下无辐照冷凝 4h，如此为一个循环周期，试验周期数为 10 个。完成紫外灯老化试验后，试样应无明显的龟裂。

3）耐盐雾性能试验。检修平台中用黑色金属制造的构件放入盐雾箱内，按照 GB/T 10125《人造气氛腐蚀试验　盐雾试验》要求进行盐雾试验。采用箱体内温度为（35±2）℃，NaCl 溶液浓度为5%，进行 48h 连续喷雾试验。完成耐盐雾性能试验后，试样表面均不应出现红锈。

4）湿热交变老化试验。检修平台放置在湿热老化箱（房）内，按 0.5℃/min 的升温斜率进行升温，在温度达到 60℃、湿度达到 95%时，保持此条件 12h，再按 0.5℃/min 的降温斜率进行降温，在温度达到 25℃、湿度达到 95%时，保持此条件 12h，如此为一个循环周期。试验周期数为 30 个。检修平台在完成湿热交变老化试验后，应能满足坠落冲击试验要求。

（5）电气试验。电气试验包括耐压试验和老化后耐压试验。

1）耐压试验。220kV 及以下电压等级的检修平台应能通过短时间（1min）交流耐受电压试验（以无闪络、击穿及明显发热为合格）；330kV 及以上电压等级的检修平台应能通过长时间（5min）耐受电压试验（以无闪络、击穿及明显发热为合格）。

随机选取一段检修平台的立柱，按照 DL/T 878《带电作业用绝缘工具试验导则》有关要求和表 4–18、表 4–19 的规定进行工频耐压试验。

若试验变压器电压等级达不到试验的要求，可分段进行试验，最多可分成 4 段，分段试验电压应为整体试验电压除以分段数再乘以 1.2 倍的系数。

表 4–18　　10～220kV 电压等级的电气试验

额定电压（kV）	10	20	35	63	110	220
试验电极间距离（m）	0.4	0.5	0.6	0.7	1.0	1.8
1min 交流耐受电压（kV）	45	70	95	175	220	440

表 4–19　　330kV 及以上电压等级的电气试验

额定电压（kV）	330	500	±500
试验电极间距离（m）	2.8	3.7	3.2
5min 交流耐受电压（kV）	380	580	565[a]

a　直流耐压试验的加压值。

2）老化后耐压试验。将通过耐压试验的试样进行湿热交变老化试验，在完成湿热交变老化试验后，应能满足耐压试验要求。

2. 验收试验

检修平台的验收试验包括外观及组装功能检查、产品标志的耐久性试验、机械试验（尺寸、强度试验、坠落冲击试验）和电气试验（耐压试验）。

3. 预防性试验

检修平台使用过程中应定期进行外观及组装功能检查、机械及电气预防性试验，试验周期为 12 个月。

（1）机械预防性试验。机械预防性试验其试验项目、试验值和试验时间见表 4–20。

表 4–20　　机械预防性试验

试验项目	试验值（kg）	试验时间（min）
平台强度试验	1.2 倍额定载荷	5
悬挂装置强度试验	1.2 倍额定载荷	5
踏档强度试验	120	5

（2）电气预防性试验。电气预防性试验按照表 4–21、表 4–22 的规定进行工频耐压试验。

表 4–21　　10～220kV 电压等级的电气试验

额定电压（kV）	10	20	35	63	110	220
试验电极间距离（m）	0.4	0.5	0.6	0.7	1.0	1.8
1min 交流耐受电压（kV）	20	35	45	75	130	240

表 4–22　　330kV 及以上电压等级的电气试验

额定电压（kV）	330	500	±500
试验电极间距离（m）	2.8	3.7	3.2
3min 交流耐受电压（kV）	340	530	520[a]

a 直流耐压试验的加压值。

检修平台应在制造商规定的期限内使用，使用期限不宜超过 5 年，5 年后每半年进行一次预防性试验，试验合格后方可使用。

二、复合材料快装脚手架

复合材料快装脚手架（简称快装脚手架）是一种高空作业平台，如图 4–37 所示。

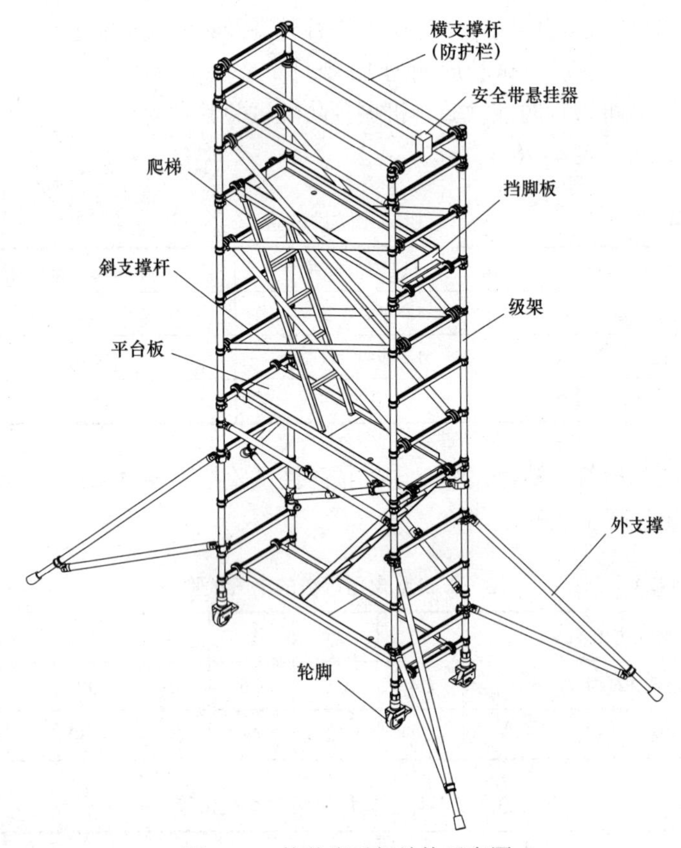

图 4–37　快装脚手架结构示意图

在变电站运行、检修、维护、调试等涉及高处作业中，快装脚手架是登高作业及临时性高处作业的装置，能在高处作业车无法进入的场所工作。图 4–38 所示为检修人员使用快装脚手架检修 220kV

隔离开关。

图 4–38　使用快装脚手架检修 220kV 隔离开关

快装脚手架由底座、支撑杆、平台板、爬梯等部件组成。按底座结构形式可分为整体式底座和散装式底座；整体式底座是出厂前预装成型，既能拉开又能折叠在一起的整体式脚手架底座，如图 4–39 所示。散装式底座是出厂前脚手架底座的级架和拉杆分开设置的一种散装式结构形式，级架由 2 根立杆和几根横杆预装成门字形的脚手架组合件，如图 4–40 所示。平台板是两端采用卡扣式结构、用于人员站立的专用踏板，踏板的一侧固定，另一侧可打开，可供人员上下，如图 4–41 所示。

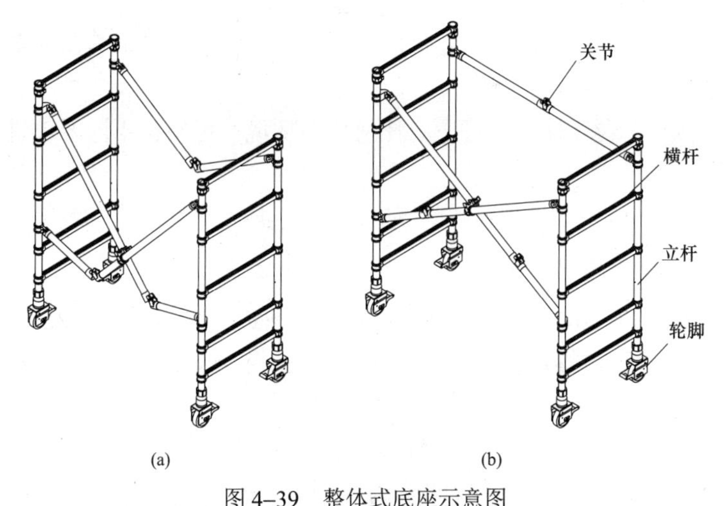

图 4–39　整体式底座示意图

（a）整体式脚手架底座折叠时；（b）整体式脚手架底座拉开时

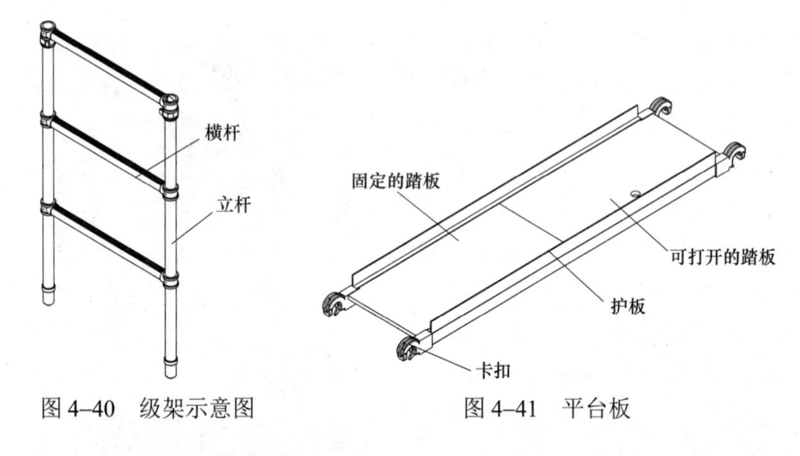

图 4–40　级架示意图　　　　图 4–41　平台板

（一）分类

快装脚手架按整体结构可分为单层形式和多层形式；按攀爬方式可分为斜爬式和竖爬式。

（二）特点

快装脚手架具有以下特点：

（1）整体结构采用“积木式”组合设计，搭建拆卸快捷。

（2）部件标准，不需要借助任何工具，徒手即可拆装，简单又方便。

（3）组合多样性，可适应任何场地环境，可根据不同要求进行组装。

（4）材质采用轻型高强玻璃纤维管，具有良好的绝缘性能。

（三）技术要求

在 DL/T 1209.4—2013《变电站登高作业及防护器材技术要求　第 4 部分：复合材料快装脚手架》中规定了相关技术要求。在材料、外观、作业面防滑、防护栏、踏档间距、上部端口及整体性能的技术要求与检修平台同，并根据其特点增加了以下要求：

（1）具有多层检修功能的快装脚手架其内部应设置用于越层攀爬的爬梯。

（2）底脚应能调节高低且有效锁止，轮脚均具有刹车功能，刹车后，轮脚中心应与立杆中心同轴。

（3）外支撑杆应能调节长度，并有效锁止，支撑脚底部应有防滑功能。

（4）快装脚手架的层间高度设置应合理(推荐高度1.8～1.9m)，便于操作人员安装、拆卸层间作业平台。

（5）开启作业平台板的踏板，应设置防止意外关闭的机构。顶层平台板底边应配置挡脚板，挡脚板高度为（180±5）mm。

（6）所有定位锁止机构应开启灵活、定位准确、锁止牢固。

（7）除整体式脚手架底座外单个组件的质量不应超过25kg。

（8）快装脚手架结构应能经受频繁组装和搬运而不发生性能劣化。

（四）试验要求

快装脚手架试验分为型式试验、验收试验和预防性试验。

1. 型式试验

快装脚手架型式试验包括外观及组装功能检查、产品标志的耐久性试验、机械试验、老化试验和电气试验。

（1）外观及组装功能检查。用肉眼或手摸对外观进行检查，各种构件及零件外观应符合快装脚手架相关技术要求；按说明书的要求搭建快装脚手架，其结构应合理完整，各构件应完好，连接部位应灵活、无卡阻现象等。

（2）产品标志的耐久性试验。产品标志的耐久性试验方法同检修平台的要求。

（3）机械试验。机械试验项目包括尺寸、强度试验、摇摆疲劳试验、稳定性试验、坠落冲击试验和构件耐冲击试验。

1）尺寸。测量快装脚手架整体、主构件及零件等，应符合设计图样的尺寸要求。长度和支架间的距离允许公差应在±2%以内。

2）强度试验。强度试验项目包括平台强度试验、整体强度试验和踏档强度试验。

a. 平台强度试验。将快装脚手架按说明书要求安装第一层，在第一层作业平台板中心位置施加 2.0 倍额定工作载荷的测试重物，测试重物直径ϕ300mm±10mm，持续作用 5min，卸载后，快装脚手架构件、平台板或连接件应无明显损坏和变形；继续搭建快装脚手架第二层，依照上述测试方法逐层对平台进行强度试验，直至测试至最高层。试验布置如图 4–42 所示。快装脚手架只有单层平台时，只对单层平台进行强度测试。

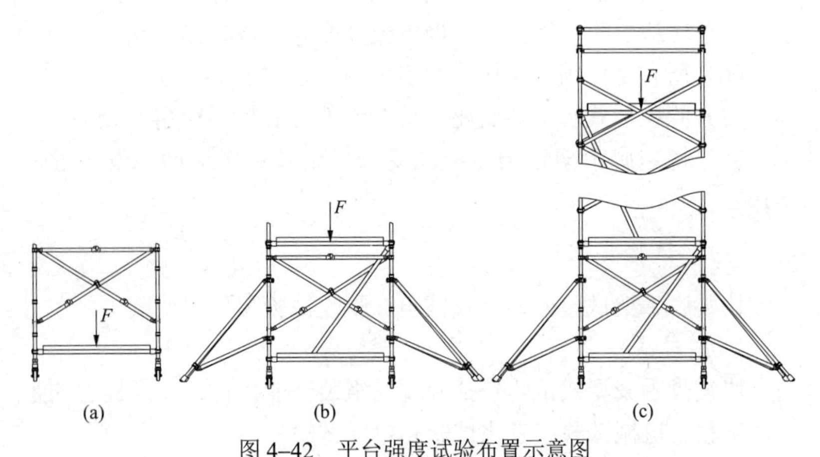

图 4–42　平台强度试验布置示意图

（a）第一层作业面测试；（b）第二层作业面测试；（c）最高层作业面测试

b. 整体强度试验。将快装脚手架按说明书要求安装，在 10min 内对各层作业平台板上施加等量均布载荷，各层载荷之和为 1.2 倍最大额定工作载荷（最大额定工作载荷由厂家明示）。施加的载荷宜使用内部填充液体或小粒子材料的软质砝码。持续作用 30min，快装脚手架不应发生倒塌、构件断裂、平台板开裂或连接件破裂等情况。试验布置如图 4–43 所示。快装脚手架只有单层平台时，将所有载荷均布加载在单层平台上（图 4–43 中 $F=G/n$，其中 G 为各层载荷之和；n 为层数。）。

c. 踏档强度试验。将爬梯放置于工作角度，任选一个爬梯踏档平稳施加 200kg 载荷，持续作用 5min，负荷施加的宽度为 100mm，并应加载在踏档中间，卸载后各构件不应发生永久变形或损伤。试验布置如图 4–44 所示。

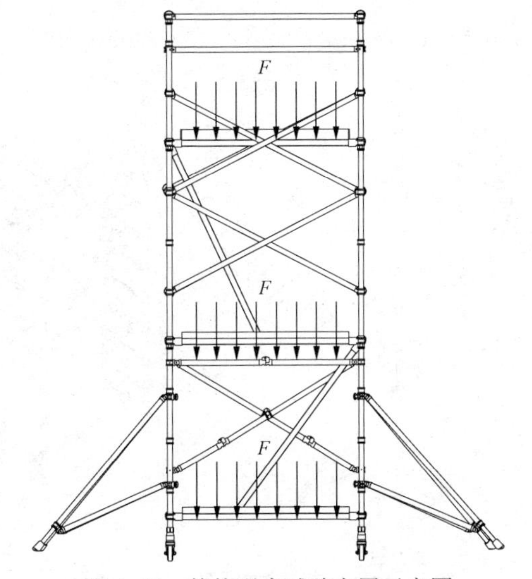

图 4–43　整体强度试验布置示意图

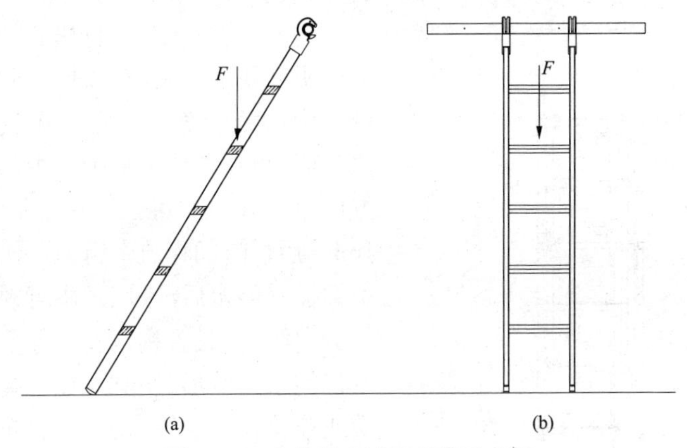

图 4–44　踏档强度试验布置示意图

（a）左视图；（b）正视图

3）摇摆疲劳试验。将快装脚手架按说明书要求安装，在顶层作业面平台板中心放置摇摆疲劳试验装置进行 1000 次疲劳摇摆试验，其中摇摆疲劳装置摆块振幅为 300mm，频率为 1Hz，试验后快装脚手架不应发生可视的整体侧向倾斜，且各构件及零件不应有可视的永久变形、开裂、锁止装置失效或连接件卡阻等情况。试验布置如图 4–45 所示。

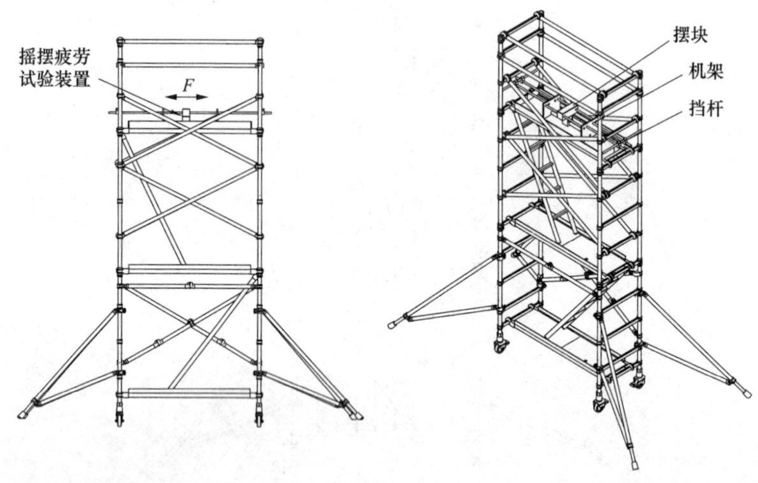

图 4–45　摇摆疲劳试验布置示意图

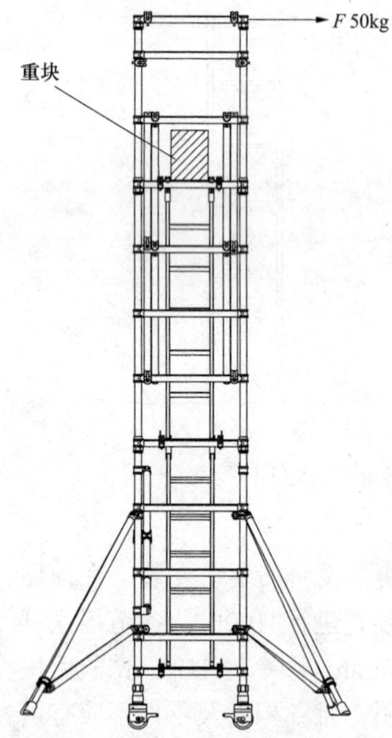

图 4–46　稳定性试验布置示意图

4）稳定性试验。将快装脚手架按说明书要求安装，在顶层作业面平台板中心施加等于额定工作载荷的静载荷，再在顶层上部护栏中部宽度方向水平施加 50kg 牵引力，稳定 1min 后，瞬间释放牵引力，快装脚手架摇晃停止后，不应发生可视的整体侧向倾斜，且各构件及零件不应有可视的永久变形、开裂、锁止装置失效或连接件卡阻等情况。试验布置如图 4–46 所示。

5）坠落冲击试验。将快装脚手架按说明书要求安装。取 100kg 模拟人，将安全绳（1.0m）一端的连接器与模拟人的安全带背部悬挂环相连，另一端扣入作业面的悬挂点或悬挂装置（防坠器、缓冲器等附件）。提升模拟人，使背部悬挂环与悬挂点或悬挂装置的悬挂环处在同一高度，保证悬挂点到释放点的水平距离小于 300mm；释放模拟人，静止 1min 后，快装脚手架不应发生倒塌、主构件断裂等情况。试验布置如图 4–47 所示。

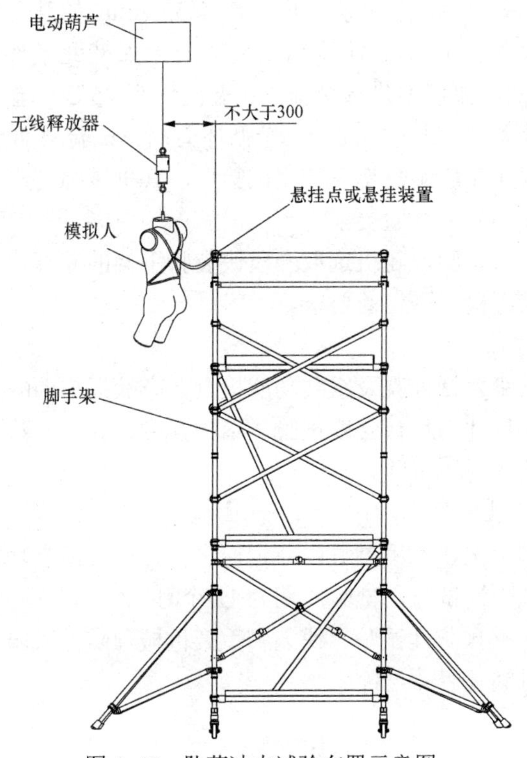

图 4–47　坠落冲击试验布置示意图

6）构件耐冲击试验。分别在快装脚手架的立杆、斜支撑杆及横杆随机选取一段为试样。构件耐冲击试验试验方法同检修平台的要求。

（4）老化试验。老化试验用试样包括快装脚手架整体（未组装或未展开状态），快装脚手架的立杆、斜支撑杆及横杆随机选取的一段试样。

1）低温冲击试验。低温冲击试验方法同检修平台的要求。

2）紫外灯老化试验。紫外灯老化试验方法同检修平台的要求。

3）耐盐雾性能试验。将快装脚手架中用黑色金属制造的构件放入盐雾箱内，耐盐雾性能试验方法同检修平台的要求。

4）湿热交变老化试验。将快装脚手架整体（未组装和展开状态）放置在湿热老化箱（房）内，按 0.5℃/min 的升温斜率进行升温，在温度达到 60℃、湿度达到 95%时，保持此条件 12h，再按 0.5℃/min 的降温斜率进行降温，在温度达到 25℃、湿度达到 95%时，保持此条件 12h，如此为一个循环周期。试验周期数为 30 个。快装脚手架在完成湿热交变老化试验后，其机械强度应满足整体强度试验和摇摆疲劳试验要求。

（5）电气试验。随机选取一段快装脚手架的立杆，其电气试验方法与要求同检修平台的要求。

2. 验收试验

验收试验包括外观及组装功能检查、产品标志的耐久性试验、机械试验（尺寸、平台强度试验、踏档强度试验、坠落冲击试验）和电气试验（耐压试验）。

3. 预防性试验

快装脚手架在使用过程中应定期进行外观及组装功能检查、机械及电气预防性试验，试验周期为 12 个月。

（1）机械预防性试验。快装脚手架机械预防性试验项目、试验值和试验时间见表 4–23。

表 4–23　　机械预防性试验

试验项目	试验值（kg）	试验时间（min）
平台强度试验[a]	1.0 倍额定载荷	5
踏档强度试验	120	5

a　若脚手架只有单层作业平台，只对该层进行平台强度试验；若脚手架具有多层作业平台，仅对最高层进行平台强度试验。

（2）电气预防性试验。快装脚手架电气预防性试验方法与要求同检修平台的要求。

快装脚手架宜在制造商规定的期限内使用，使用期限宜不超过5年，5年后每半年进行一次预防性试验，试验合格后方可使用。

三、注意事项

在进行耐受冲击试验时，发现了部分企业生产的检修平台存在着以下问题，在此予以提醒和关注。

（1）变电设备检修用的单柱型检修平台，在进行坠落冲击试验时，圆形支柱（安全带悬挂杆）及支座连接处断裂；经分析，单柱型检修平台的圆形支柱（安全带悬挂杆）及配套支座的连接强度不足，如图4–48所示。

(a)

(b)

图4–48　单柱型检修平台坠落冲击试验图

（a）试验前；（b）试验后

（2）变电设备检修用梯台型检修平台，在进行坠落冲击试验时，门形支柱（安全带悬挂杆）底部断裂；经分析，梯台型检修平台门型支柱（安全带悬挂杆）底部内部无有效支撑件，强度不足，如图4–49所示。

图 4–49　梯台型检修平台坠落冲击试验图

（a）试验前；（b）试验后

因此，采购时应关注防坠落装置有效的型式试验报告，进货时应重视防坠落装置的验收试验，确保防坠落装置的质量和安全。

第五节　平台作业防坠落布置方案

在讨论平台作业防坠落技术之前，先讨论电力安全工作规程中的“高挂低用”原则。应该说对“高挂低用”的意义每个人都理解，关键是如何在实际作业中灵活应用，并有效防坠。下面通过几张图片加以说明，图 4–50 所示属典型的“高挂低用”例子，图 4–51 所示也能有效保护作业者从高处作业区边缘坠落，从“高挂低用”字面上去理解，将无法解释。编者认为应严格执行电力安全工作规程，并应针对实际的作业环境实施有效的安全防护措施，而图 4–51 所示的就是平台作业防坠落技术措施之一。

图 4–50　电站钢架施工防坠落装置“高挂低用”示意图

图 4–51　平台作业防坠落技术示意图

平台作业防坠落技术措施属于利用防护装置限制作业人员的活动范围、防止其下跌的坠落防护技术，下面介绍平台作业时的防坠落装置布置方案。

一、利用平台固有设施设置防坠落装置

利用变电站或调度大楼等屋顶的接地网、通风窗、通风管、通信架等固有设施，因地制宜地用连接器、保护绳（或织带）、收放型防坠器等组合件与固有设施相连，构建平台防坠落装置，如图 4–52 所示。

二、在平台上安装固定防坠落装置

在变电站或调度大楼等屋顶安装固定的防坠落装置，此类防坠落装置一般在建筑物的设计中就已体现，基本上有以下两种。

（1）按平台区域均布的固定连接环，如图 4–53 所示。作业者将安全带配置的不可调式保护绳通过连接器扣入平台上的固定连接环，作业者可在不可调式保护绳长度半径范围内活动。该防坠落装置的缺点是：作业者活动范围限制在一个一个独立的区域，在区域内作业是安全的；当更换作业区域过程中，则较繁琐，有可能失去保护，因此，存在一定的安全隐患。

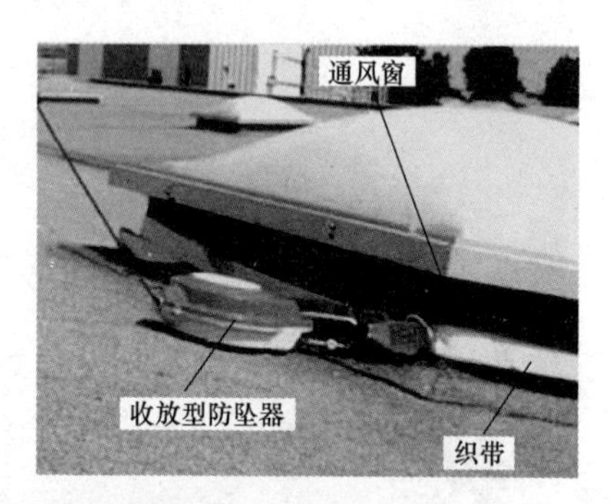

图 4–52　利用平台固有设施设置防坠落装置示意图

图 4–53　按平台区域均布的固定连接环示意图

（2）沿平台边缘环布的水平安全拉线，如图 4–54 所示。在整个平台沿边缘利用支架（直角支架或转角支架）连续地环形布置一圈水平安全拉线，原则上水平安全拉线的倾斜角不得大于 15°，该拉线要求采用热镀锌钢绞线，规格一般为 GJ–50。

作业者登上平台，将安全带配置的不可调式保护绳通过连接器扣入专用的水平滑移器（严格意义上讲其并不是防坠器），再将水平滑移器套入平台上的环形水平安全拉线中，如图 4–55 所示。作业者可沿水平安全拉线至不可调式保护绳长度范围的环形区域内活动。该防坠落装置的缺点是：装置建造成本较高；优点是：作业者活动范围限制在较宽的环形区域，使作业者的工作可覆盖整个平台。

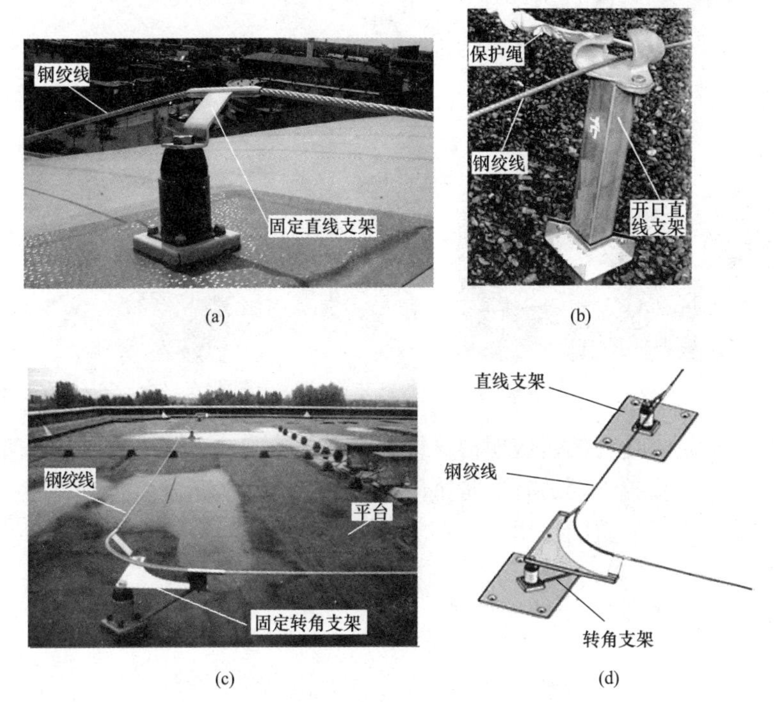

(a) (b) (c) (d)

图 4–54　沿平台边缘环布的水平安全拉线示意图

（a）固定直线支架；（b）开口直线支架；（c）固定转角支架；（d）水平安全拉线结构示意图

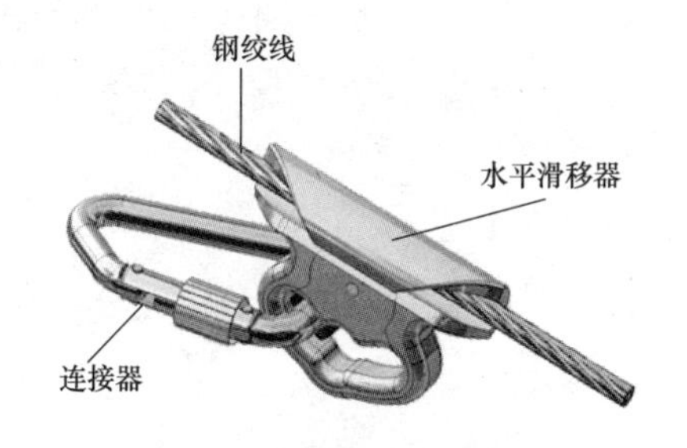

图 4–55　水平滑移器连接示意图

若平台上水平安全拉线配置的是开口直线支架，作业者可直接将不可调保护绳上的连接器扣入水平安全拉线，即可使用，如图 4–56 所示。

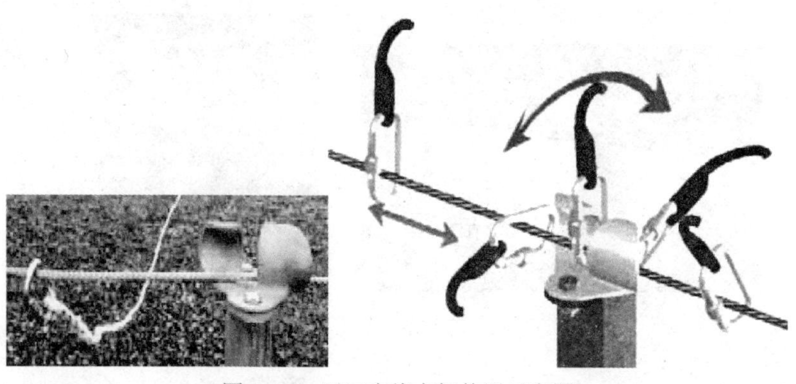

图 4–56　开口直线支架使用示意图

通过上述介绍，应明白这样一个道理：应针对不同的作业场所和特点，设置一套适宜的防坠落装置，这样才能充分而有效地发挥防坠落保护装置的作用。

第五章 高处跌落营救

对许多企业的负责人来说，若防坠落装置能避免其员工在高处作业时发生坠落而摔至地面，他们就满意了。其实，当高处作业人员失足跌落后悬在半空中或跌落过程中受到撞击或跌落失重时产生休克，这些一般称为“直立耐受不良”与“悬空创伤”的伤害情况，同样令人担忧，且这些伤害程度往往与时间成正比。OSHA（欧洲职业防护与保健局）曾发布一份关于长时间悬挂危害的防护与保健公报，该公报称：“除非用现成的安全规程立即对作业人员进行营救，静脉淤滞以及直立耐受不良会产生严重的甚至是致命的伤害，这是由于脑、肾以及其他器官失氧造成的。跌落过程中所受的伤害，或者跌落遭遇中产生的休克，都能增加静脉淤滞以及直立耐受不良的发作甚至更严重的伤害”。

快速而有效地实施营救，能大大减轻失足跌落者的伤痛或伤害。在跌落防护的领域中有着一种“自然进化”的现象，也就是在采用了高处作业防坠落技术的基本方法后，下一步应采用“循序渐进”的方法逐步掌握高处作业跌落的营救技术。

第一节 营救器材简介

营救器材从防坠落技术体系上讲，就是防坠落器材的一部分，下面主要介绍下降器和营救包。

一、下降器

下降器是指适用于保护绳（多数选用动力绳）、能控制下降速度并在失控时能自动掣停的下降保护器。以下主要介绍下降器的形式与功能、技术要求、试验方法、验收规则、标志、包装和运输。

（一）下降器的形式与功能

下降器形式较多，主要选择比较有代表性的梨形下降器和条形下降器进行简介。

1. 梨形下降器

梨形下降器的外形酷似一只鸭梨而命名，如图 5–1 所示。

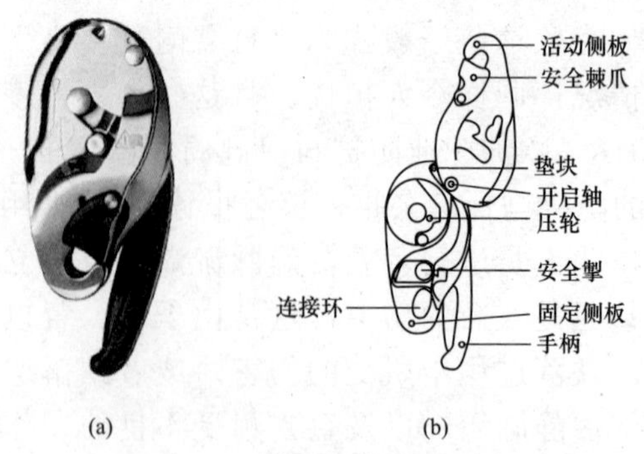

图 5–1 梨形下降器示意图

（a）梨形下降器外形图；（b）梨形下降器结构图

梨形下降器手柄类似汽车挡位，调至不同的位置，具有不同的作用，如图 5–2 所示。

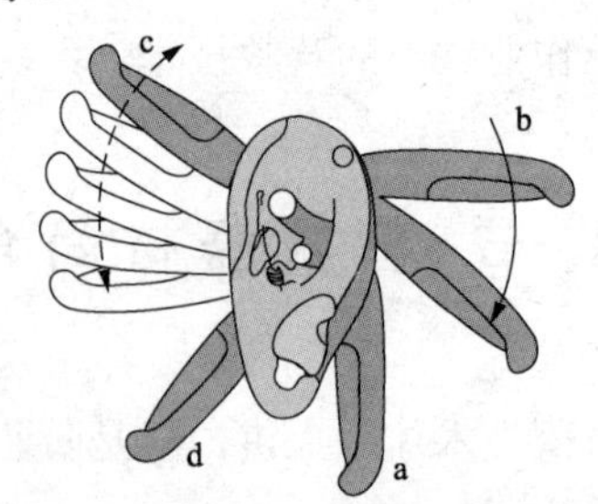

图 5–2 梨形下降器手柄位置示意图

a—未使用挡；b—定位挡；c—下降和自保护挡；d—防慌乱掣停挡

（1）梨形下降器的安装。将手柄调至“c”挡，旋开活动侧板，按照下降器侧板上刻印的方向安装保护绳，开启安全棘爪，旋入活动侧板，再关闭安全棘爪，如图 5–3（a）所示；连接器的一端扣入下降器连接环，另一端与作业者坠落悬挂安全带的前胸悬挂环相连，如图 5–3（b）所示。

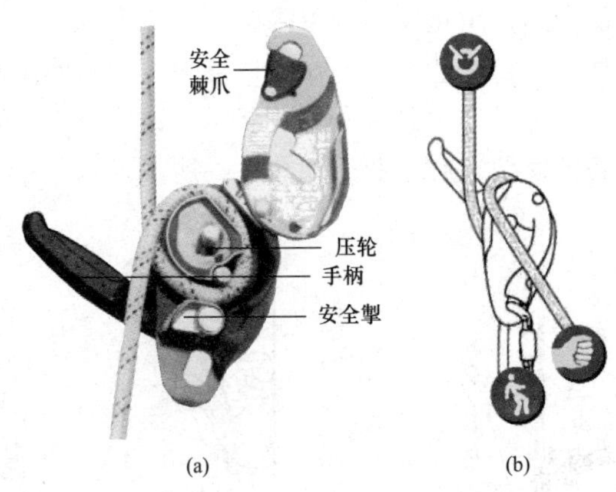

图 5–3　梨形下降器安装示意图

（a）安装保护绳；（b）下降器的连接

（2）梨形下降器的工作原理。将手柄调至“c”挡，用一只手紧握保护绳，调节穿过下降器保护绳的快与慢（松与紧），同时用另一只手控制手柄来制动保护绳，双手必须相互协调控制，如图 5–4 所示，才能让下降器带着使用者稳定下降。

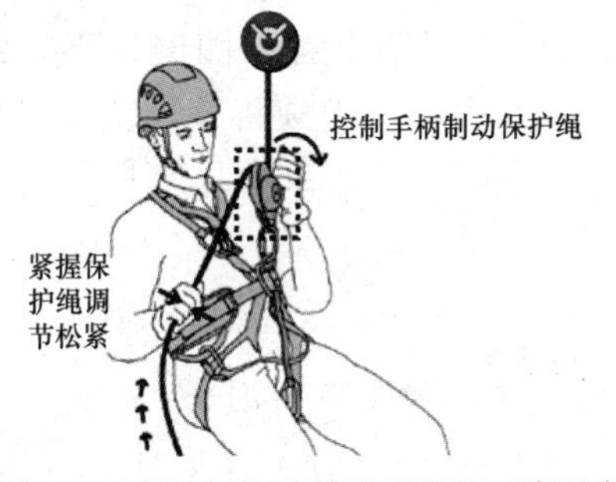

图 5–4　双手配合控制梨形下降器下降示意图

梨形下降器下降保护有三种自动掣停功能：

1）当下降速度大于 2m/s 时，下降器内的安全掣将自动锁止保护绳，阻止使用者下降。

2）当使用者下降时出现恐慌，松开手柄时，下降器能立即锁止保护绳，阻止使用者下降，如图 5–5 所示。

3）当使用者下降时出现恐慌，将手柄紧紧捏住时，下降器也能立即锁止保护绳，阻止使用者下降。

下降器如何保持作业人员的作业位置呢？在高处作业时，将手柄调至“b”挡，梨形下降器能锁止保护绳，让使用者在保护绳上的某一个位置停留以便实施作业，如图 5–6 所示。

图 5–5　松开手柄立即锁止保护绳示意图

图 5–6　“b”挡定位作业状态示意图

（3）梨形下降器的日常检验。每次使用前，应先检查固定侧板连接环、压轮（压轮凹槽上有一圈磨损警戒线，当磨损达到警戒线时，如图 5–7 所示，必须将该下降器报废）是否有磨损情况；再检查活动侧板、安全棘爪开启是否灵活；再进行受力模拟检验。

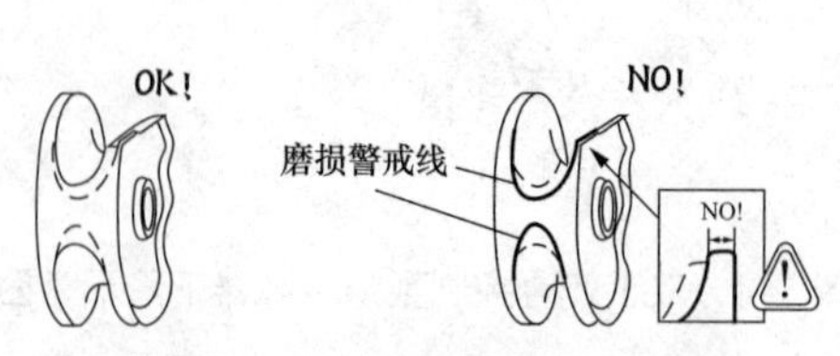

图 5–7　压轮磨损警戒线示意图

1）受力模拟检验。将保护绳一端固定在使用者的上方，按安装要求将保护绳、下降器与检验者的坠落悬挂安全带连接在一起。检验者将自身体重挂在下降器上，使固定端的保护绳绷紧（手柄到“c”挡），用一只手抓住保护绳，另一只手慢慢地调节手柄，让保护绳滑动，当松开手柄，检查下降器是否能够卡住保护绳；再将手柄调到“d”挡，检查“防慌乱”掣停挡的情况。

2）注意事项。检验者在进行受力模拟检验时，坠落悬挂安全带的背后悬挂环必须再扣入一导索型防坠器，以防止因下降器可能的性能不良，造成检验者的跌落伤害，如图 5–8 所示。

（4）梨形下降器的使用说明。下降器能够实施某些安全保护，但不是全部；使用者应当接受合适的培训，并始终保持安全意识；建议使用手套操作下降器，另外不要忘记在保护绳末端打一个结，如图 5–9 所示。

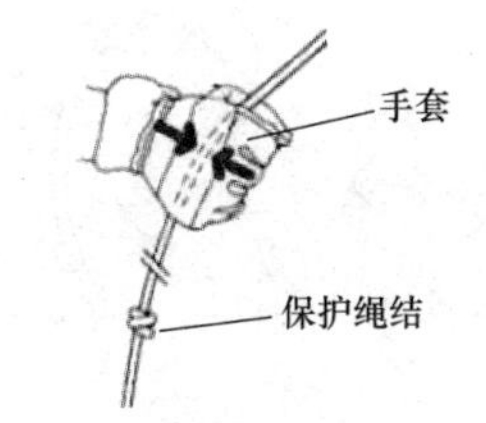

图 5–8　受力模拟检验示意图　　　　图 5–9　戴手套及保护绳结示意图

2. 条形下降器

条形下降器的外形酷似一把折叠刀，工程中也称其为折叠形下降器，如图 5–10 所示。

（1）条形下降器的安装。旋开活动侧板，将连接器的一端扣入下降器连接环，另一端与作业者坠落悬挂安全带的前胸悬挂环相连；按照下降器侧板上刻印的方向安装保护绳，如图 5–11（a）所示；开启安全棘爪，旋入活动侧板，再关闭安全棘爪，如图 5–11（b）所示。

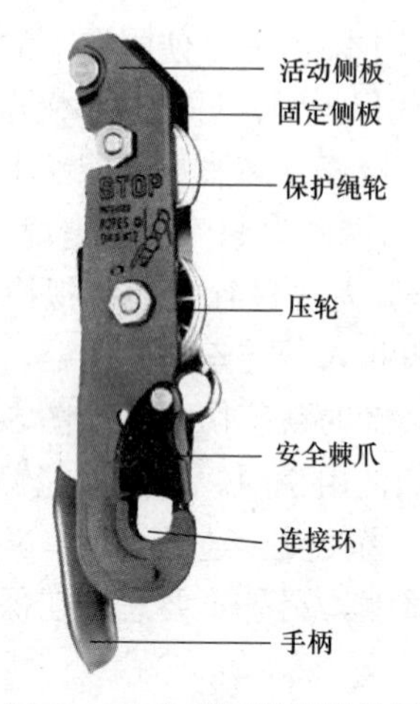

图 5–10　条形下降器结构图

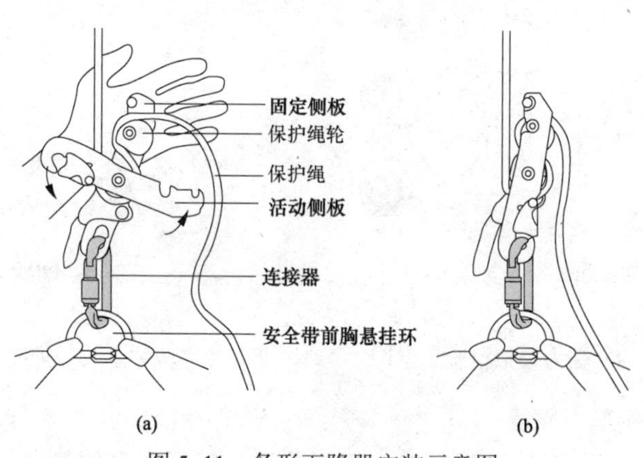

图 5–11　条形下降器安装示意图

（a）连接器、保护绳的安装；（b）安装完毕图

（2）条形下降器的工作原理。将条形下降器安装完毕后，用一只手紧握保护绳，调节穿过下降器保护绳的快与慢（松与紧），同时用另一只手控制手柄来制动保护绳，双手必须相互协调控制，如图 5–12 所示，才能让下降器带着使用者稳定下降。

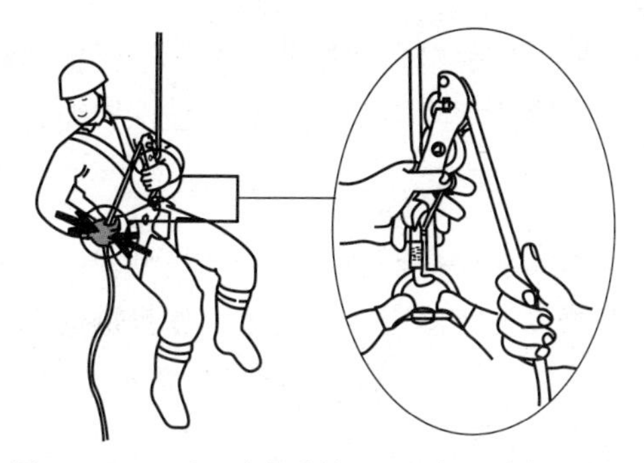

图 5-12　双手配合控制条形下降器下降示意图

条形下降器下降保护有两种自动掣停功能：

1）当使用者下降时出现恐慌，松开手柄时，下降器能立即锁止保护绳，阻止使用者下降，如图 5-13 所示。

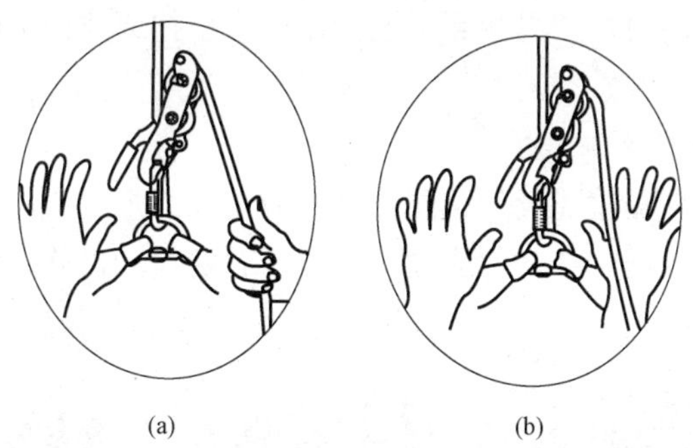

(a)　　(b)

图 5-13　松开手柄立即锁止保护绳示意图

（a）手握保护绳；（b）手未握保护绳

2）当使用者下降时出现恐慌，将手柄紧紧捏住时，下降器也能立即锁止保护绳，阻止使用者下降。

（3）条形下降器的日常检验。每次使用前，应先检查固定侧板连接环、保护绳轮、压轮是否有磨损情况；再检查活动侧板、安全棘爪开启是否灵活；再进行受力模拟检验。

受力模拟检验的方法：将保护绳一端固定在使用者的上方，按安装要求将保护绳、下降器与检验者的坠落悬挂安全带连接在一起。检验者将自身体重挂在下降器上，使固定端的保护绳绷紧，用一只手抓住保护绳，另一只手慢慢地握住手柄，让保护绳滑动，当松开手柄或捏紧手柄，检查下降器是否能够卡住保护绳。

（二）下降器技术要求

下降器的技术要求包括外观质量、结构要求、材料要求、工艺要求和性能要求等。下降器应按经规定程序批准的图样和技术文件制造。

1. 外观质量

（1）下降器应无目测可见的凹凸等痕迹；壳体表面应平整，无毛刺、裂纹等缺陷。

（2）下降器的标志应清晰和永久，各部件应完整无缺、无锈蚀及破损。

（3）连接用保护绳和配套连接器（安全扣或挂钩）的外观质量应满足相关要求。

2. 结构要求

（1）下降器整体及相关配件边缘应呈圆弧形。

（2）下降器的各部件应连接牢固，有防松动措施，应保证在作业中不致松脱。

3. 材料要求

（1）下降器所用螺栓、螺母、弹簧垫圈、弹簧及各类轴、销等部件的材料要求同防坠器技术要求中的相关条款。

（2）下降器侧板的材料要求同轨道型防坠器壳体的相关要求。

（3）下降器压轮、安全棘爪、开启轴可采用符合 GB/T 5231《加工铜及铜合金化学成分和产品形状》规定的铜材料，也可采用屈服强度不低于 250MPa、符合 GB/T 3190《变形铝及铝合金化学成分》的相关规定的锻铝材料。

（4）下降器安全掣采用屈服强度不低于 345MPa 钢材制作，成品表面硬度不低于 30HRC。

（5）手柄采用屈服强度不低于 300MPa 的钢材或高强度铝合金材料锻制，表面覆塑。

4. 工艺要求

（1）下降器所有受力部件不应采用铸造方式制造。

（2）下降器侧板应采用整锻或整冲压方式制造。

（3）下降器表面及相关零部件的金属表面应采取合适有效的方法防腐。

（4）下降器各类轴、销、键等部件工艺要求同防坠器技术要求中的相关条款。

5. 性能要求

（1）下降器的使用环境温度应适用–35～+50℃。

（2）下降器额定制动载荷（下降器可有效制动的最大载荷）为250kg，下降器额定工作载荷（下降器正常使用时的最大载荷）为200kg。

（3）下降器从1m高处自由坠落至水泥地面后，应不影响其性能，并能正常工作。

（4）下降器空载或承受额定制动载荷时，在保护绳上应能轻松向下移动，手柄调到指定位置或使用者放开手柄的情况下，下降器能在任何位置有效锁止而不下滑。

（5）下降器在浸水（浸入温度为10～30℃的水中1h）状态下，承受额定制动载荷时，在保护绳上应能轻松向下移动，手柄调到指定位置或使用者放开手柄的情况下，下降器能在任何位置有效锁止而不下滑。

（6）下降器在经受（–35±2）℃持续1h或经受（+50±2）℃持续24h状态下，承受额定制动载荷时，在保护绳上应能轻松向下移动，手柄调到指定位置或使用者放开手柄的情况下，下降器能在任何位置有效锁止而不下滑。

（7）下降器在不小于15kN的静载荷作用下保持5min，应无肉眼可见的变形损坏，卸载后，能正常安装或拆卸；整体破坏力应不小于22kN。

（8）下降器出厂至应停止使用的有效年限为4年，下降器开始使用至应停止使用的有效年限为3年。

（三）下降器试验方法

下降器的试验方法包括外观及组装检验、空载动作试验、承载动作试验、静载荷试验、抗跌落试验和耐候性试验。

1. 外观及组装检验

下降器的外观及组装质量以目测检查为主，应符合下降器技术要求中对外观质量和结构要求的相关规定。

2. 空载动作试验

将下降器在垂直保护绳的 1.2m 范围内，连续 5 次进行手动制动试验，下降器应符合其技术要求中对空载性能要求的规定。

3. 承载动作试验

将保护绳一端固定在坚固的钢架上，按安装要求将保护绳、下降器与配重（200kg 或 250kg）连接在一起，并离开地面 2m。操作者站在钢架平台上或梯具上，用一只手抓住保护绳，用另一只手慢慢地握住手柄，让保护绳滑动，当松开手柄或捏紧手柄，检查下降器是否能够卡住保护绳，如图 5–14 所示。

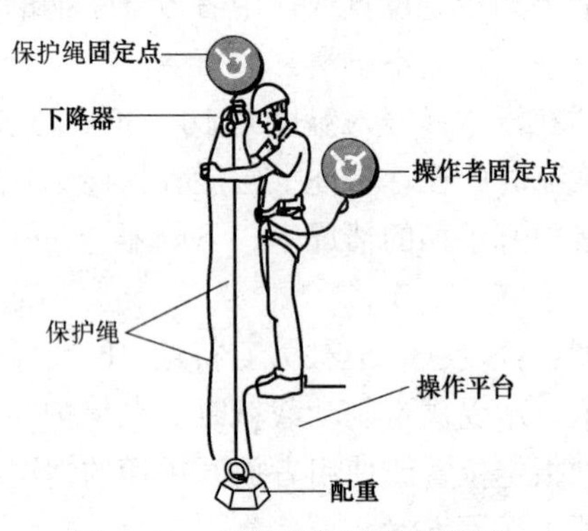

图 5–14　承载动作试验示意图

4. 静载荷试验

将下降器按工作状态安装，对下降器连接环沿垂直方向施加不小于 15kN 的静载荷，保持 5min，试样应无肉眼可见的变形损坏，卸载后，能正常安装或拆卸；对下降器连接环沿垂直向下方向施加静载荷，直至断裂，整体破断力不应小于 22kN。

5. 抗跌落试验

将下降器从距离水泥地面 1m 高处，自由跌落后，再进行空载和承载动作试验，应符合相关规定。

6. 耐候性试验

下降器的耐候性试验主要包括耐受高、低温和浸水等试验。

（1）将同型号规格两套下降器分别放置于–35、+50℃恒温箱中静置 24h，从恒温箱取出后在 0.5h 内完成空载和承载动作试验，应符合相关规定。

（2）将下降器浸入温度为 10～30℃的水中 1h，取出后在 0.5h 内完成空载和承载动作试验，应符合相关规定。

（四）下降器验收规则

下降器验收规则包括试验类型及相关规定，下降器试验分为型式试验和预防性试验。

1. 型式试验

型式试验是对下降器按规定的试验项目、试验条件所进行的试验，主要检验下降器整体的安全可靠性能。进行型式试验的情况、试样抽取、结果处理同防坠器验收规则中的相关条款。下降器型式试验项目及要求和试样数量按表 5–1 规定。

表 5–1　型式试验项目及要求和试样数量

<table>
<tr><th>序号</th><th colspan="2">试验项目及要求</th><th>试样数量（件）</th></tr>
<tr><td>1</td><td colspan="2">外观及组装</td><td>3</td></tr>
<tr><td>2</td><td colspan="2">空载动作</td><td>1</td></tr>
<tr><td>3</td><td colspan="2">承载动作（250kg）</td><td>1</td></tr>
<tr><td rowspan="2">4</td><td rowspan="2">静载荷</td><td>15kN · 5min</td><td>1</td></tr>
<tr><td>22kN</td><td>1</td></tr>
<tr><td>5</td><td colspan="2">抗跌落</td><td>3</td></tr>
<tr><td rowspan="2">6</td><td rowspan="2">耐候性</td><td>高、低温</td><td>2</td></tr>
<tr><td>水</td><td>1</td></tr>
</table>

2. 预防性试验

预防性试验是对新购入或已投入使用的下降器，在常温下，按规定的试验项目、试验条件和试验周期所进行的定期试验。预防性试验周期为1年。

（1）下降器预防性试验项目及要求和试样数量按表5–2规定。

表5–2　预防性试验项目及要求和试样数量

序号	试验项目及要求	试样数量（件）
1	外观及组装	整批
2	空载动作	整批
3	静载荷（2.205kN・5min）	整批

（2）预防性试验结果处理：

1）如试样全部符合要求，则该试样通过预防性试验。

2）如试样不能通过外观及组装、空载动作或静载荷试验，则该试样不合格。

（五）下降器标志、包装和运输

1. 标志

在下降器的明显位置应有清晰的永久性标志，其内容包括但不限于：

（1）产品名称、型号（含厂家生产批次或序号）；

（2）保护绳安装方向、等级标识（如长度、载荷等）；

（3）商标（或生产厂名）；

（4）生产日期。

2. 包装

每件下降器均应有合适的包装袋（盒），并附有产品说明书、产品合格证。产品说明书中应包括：

（1）用户须知（或安全警告）；

（2）产品型号；

（3）使用方法；

（4）检查程序、维护（或保养）方法及报废准则等。

3. 运输

下降器在运输中，应防止雨淋，勿接触腐蚀性物质。

二、营救包

营救包就是将前面介绍过的防护器材，通过合理配套组装在一起的组合件，如图 5–15 所示。营救包主要包括一只用高强度铝合金锻制的挂钩、一只下降器、一根长度可选择的保护绳和一只包。简约而有效是高处作业用营救包设计的主导思想，用尽可能少和轻的器材，便于工人携带；将性能可靠的器材有效地组合，能保障营救工作的快速和顺利。

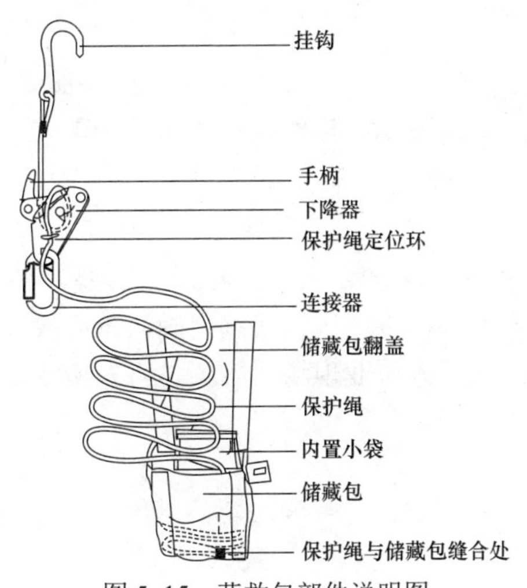

图 5–15　营救包部件说明图

营救包使用时需说明的几点：

（1）包内保护绳的配置一定要根据实际杆塔作业点距地面的高度选定。

（2）使用营救包必须经过培训。

（3）培训或使用完营救包后，应按规定的步骤整理营救包，切不可胡乱塞进包内了事。打开储藏包翻盖，将保护绳均匀地以 S 形方式放入包中，如图 5–16（a）所示；盖上内置小袋（以免其他器材放入时，打乱保护绳排序或损伤保护绳），如图 5–16（b）所示；再将下降器和连接器放入包内，如图 5–16（c）所示；最后将挂钩插入储藏包边袋，如图 5–16（d）所示；放下翻盖，如图 5–16（e）所示。

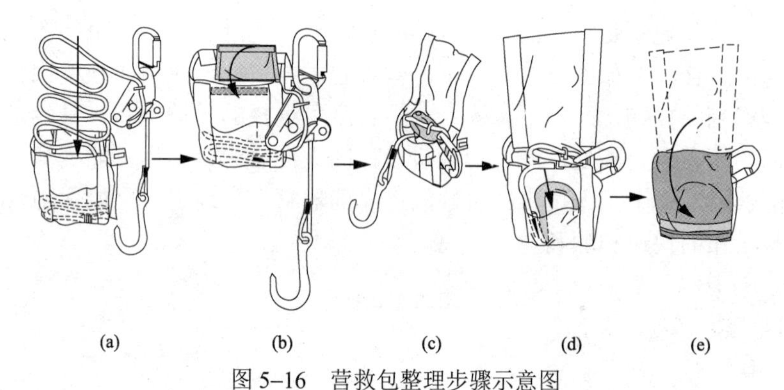

图 5–16　营救包整理步骤示意图

（a）保护绳以 S 形方式放入包中；（b）盖上内置小袋；（c）将下降器和连接器放入包内；（d）挂钩插入储藏包边袋；（e）放下翻盖

（4）营救包内的器材必须按实际作业需要，事先配置组装完毕，经两人检查无误，签字确认（签字确认单应放入包的内置小袋中）后，才能携带进入作业现场。如图 5–17 所示，可将营救包挎在腰部。

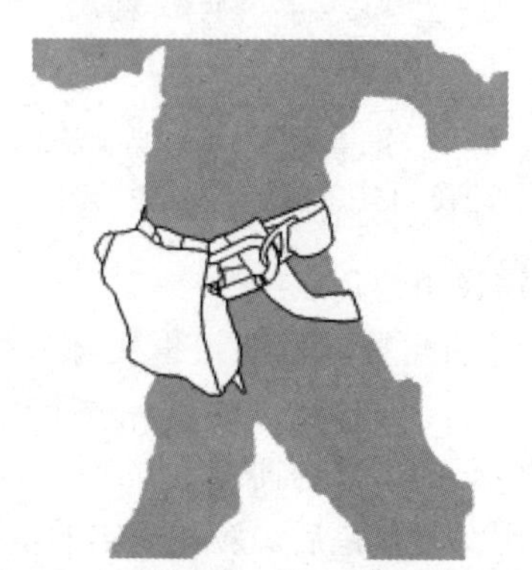

图 5–17　腰部挎着营救包示意图

另外，营救包也可作为宾馆、办公楼、住宅楼的应急事件（如火灾、地震时）的逃生器具，其挂钩可在室内的许多地方攀挂，如图 5–18 所示。

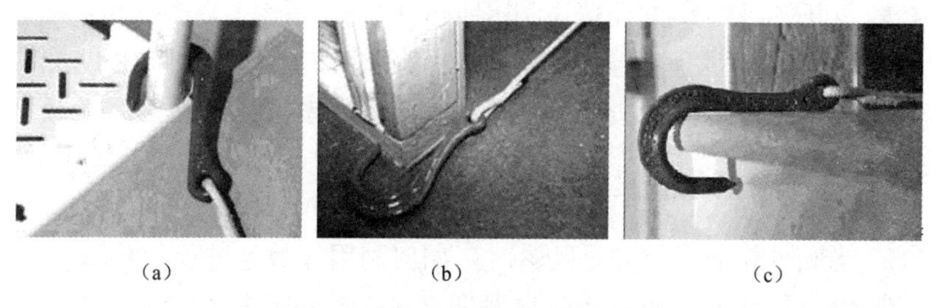

（a）　　（b）　　（c）

图 5–18　室中挂钩攀挂位置示意图

（a）床腿；（b）门框；（c）窗台

第二节　营　救　作　业

如果出线作业时不慎跌落怎么办？显然作业人员应首先采取自救，最好是借助自身的力量翻身攀上导线，然后通过绝缘子串返回杆塔横担处，再沿主材上的防坠落装置或脚钉下至地面，但也有不成功的。例如，某电力局检修人员需对某 110kV 输电线路防振锤进行检修，工人甲出线检修时不慎从导线上跌落，虽然有保护绳（安全绳）挂在横担上，但工人甲穿戴的是普通电工安全带，保护绳长度事先未按作业点位置合理选择，长度达 3.5m，且保护绳固定点在侧腰部，跌落后工人甲头向下人体倾斜悬挂，无法利用自身的腹肌翻身或用手臂攀抓保护绳；而此时同时在塔上作业的工人乙，攀爬出横担，企图用手将系住工人甲的保护绳提上来，可惜其臂力不足，无法将工人甲提上横担；无奈只得通过手机向单位求救，1h 后救援人员赶到，三人合力才将悬挂在空中且已半昏迷的工人甲拉上横担。

国外也曾报道有这样的例子：营救人员虽已竭尽全力，但仍未能救活跌落后还幸存着的悬空的工人。

从上述例子中，再次告诫我们在高处作业时必须穿戴坠落悬挂安全带，保护绳悬挂点必须选择前胸或后背悬挂环；与坠落悬挂安全带配套的保护绳（安全绳）长度应控制在 2m 以内，按若实际作业下降的距离超过 2m，强烈建议选用防坠器。

人们从多次的实践中发现：在高处作业救援时，从上向下救援的途径较为可取。因为这样下降可利用地心引力，可利用下降器做可控制性的快速下降（通常下降速度在 1～2m/s），尽量节省营救的时间和投入的人力；同时，地面的救援人员可及时采取有效措施进行进一步的抢救。

一、高处作业人员失足跌落时的营救

当高处作业人员失足跌落时，如何利用营救包进行营救呢？

（1）同作业组成员（此时为第一营救者）应快速拿到营救包，赶到失足的被营救者的上方。

（2）打开营救包，将挂钩牢固地攀挂在固定点上（如角钢、金具等处），再将连接器扣入营救者坠落悬挂安全带的前胸悬挂环，双手协调控制下降器，沿保护绳迅速下降到被营救者身旁掣停；用一根两端均配置连接器的保护绳，分别连接营救者坠落悬挂安全带的前胸悬挂环和被营救者坠落悬挂安全带的前胸或后背悬挂环，检查确认连接无误后，卸除被营救者身上原有的保护绳连接器，如图 5-19 所示。

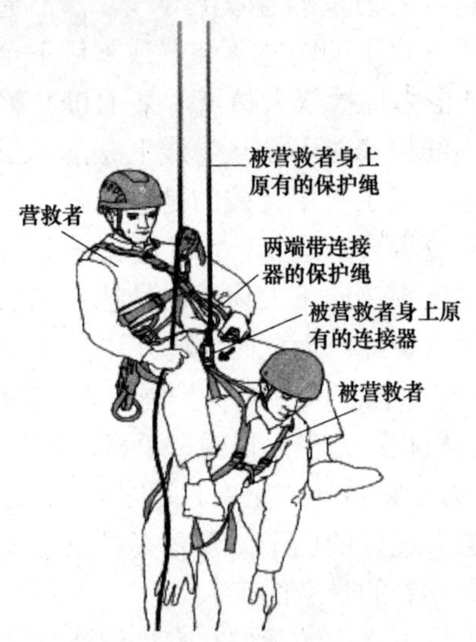

图 5-19　救援时的连接转换示意图

（3）营救者再双手协调控制下降器，携带被营救者沿保护绳迅速下降至地面，如图 5–20 所示，整个营救过程如图 5–21 所示。

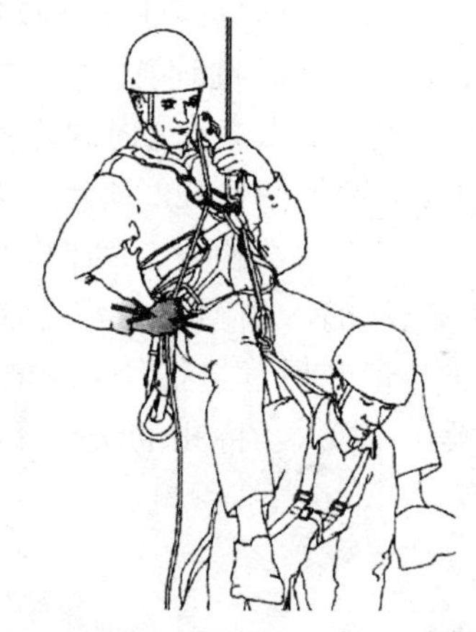

图 5–20　救援时操作下降器示意图

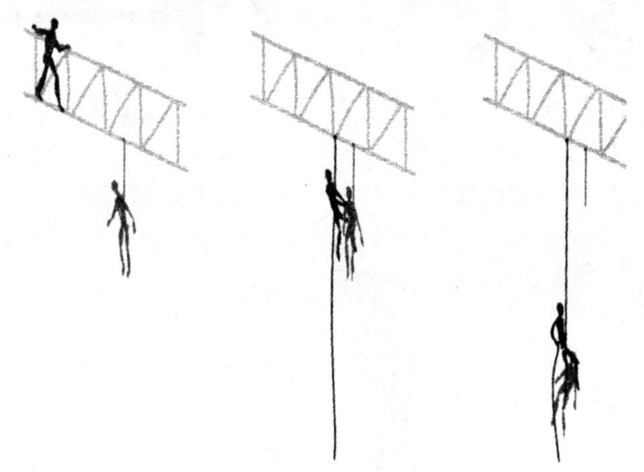

图 5–21　营救过程示意图

二、儿童的应急逃生营救

前面我们曾介绍营救包可作为宾馆、办公楼、住宅楼的应急逃生器具，若在应急逃生时，有儿童怎么办？

（1）幼童可绑裹在成人的身上（最好是背部，以避免保护绳的缠绕或挤压），随成人一起下降。

（2）较大但又无法独自操作下降器的儿童可按下述方法进行逃生：打开营救包，由成人将下降器通过连接器牢固地攀挂在室内固定点上（室内固定点：一种是预设的，如图 5–22 所示，其一般按混凝土或木结构可分为两种形式，如图 5–23 所示；另一种是临时选择的，如图 5–24 所示的横档），再将挂钩扣入儿童全身式安全带的后背悬挂环，检查确认连接无误后，再由成人站在室内操作下降器，将儿童安全降至地面，如图 5–25 所示。

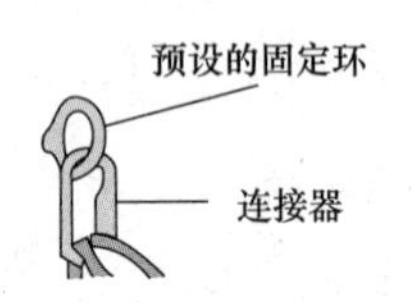

图 5–22　预设的固定环示意图

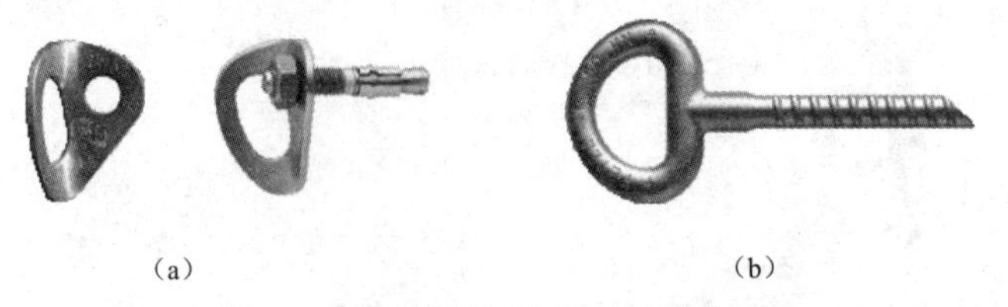

（a）　（b）

图 5–23　预设的固定环结构示意图

（a）混凝土墙用预设固定环；（b）木梁或框用预设固定环

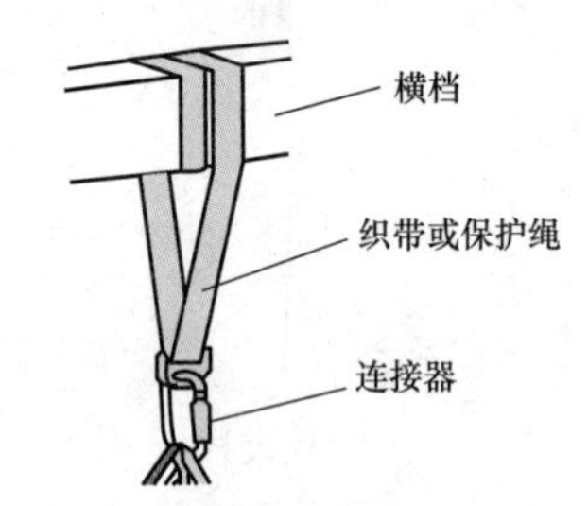

图 5–24　连接器与横档固定的示意图

特别提醒：作为宾馆、办公楼、住宅楼的应急逃生器具，除营救包外，还该有几套适合室内人员穿戴的坠落悬挂安全带，以及进行适当的培训及练习。

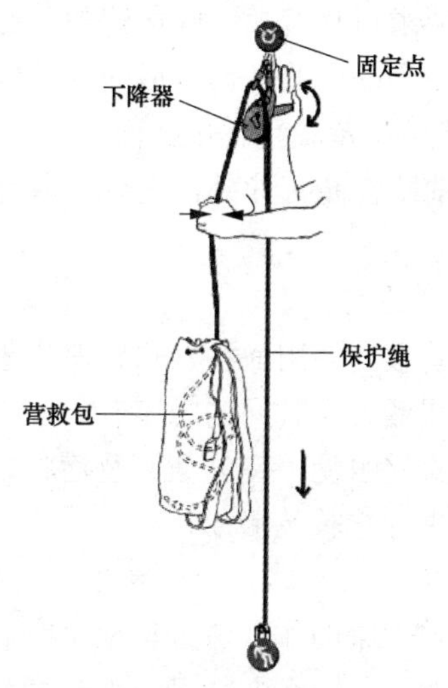

图 5–25　室内操作下降的示意图

第三节　营　救　预　案

当作业人员跌落后悬在半空中，生死难料，即使最终安然无恙地躲过一劫，但分分秒秒贵如金，是否有一套快速营救预案呢？目前在绝大多数的高处作业行业，缺少深思熟虑或周密细致的跌落营救预案，也就是营救安全预案的编制是我们相对忽视和欠缺的一点，应及时引起重视。

出工前一定要了解作业点及相对地面的实际状况，编制安全营救预案。如果业主的责任在于要建设一个适当的跌落过后的营救体系，那么什么才是营救悬空着的作业人员的关键所在呢？全球的专家们都认同跌落过后有效营救的最最重要一点是：要有一项安全营救预案。

请记住：缺少任何形式的预先想象好的跌落营救预案，不仅会将跌落的不幸者置于危险境地，还会将营救者置于受伤害的处境。

不论营救预案要求自身营救、同伴营救，还是专业小组营救，现实中往往只要有一个书面的跌落过后的营救预案，就能使已经紧张的状况减轻一点混乱。营救预案不必面面俱到，但必须搞清楚“营救包在哪”？但目前除消防行业外，其余行业都没有对高处作业跌落营救有一点准备。

1. 营救预案内容要求

（1）如何进行营救？使用何种器材？怎样进行操作？

（2）如何防止作业者长时间的悬空？

（3）如何识别直立耐受不良的征兆及症状？

（4）如何尽快进行营救及治疗？

2. 营救预案必要告诫

（1）不要将营救下来的作业者过早地平躺着，因为要是作业者已经悬空较长时间的话，这么做就可能引起大量脱氧的血液流入心脏，这会导致心跳停止。

（2）处于营救状况时，应尽可能地监控悬空作业者的直立耐受不良以及悬空创伤的征兆及症状。直立耐受不良可能的征兆及症状有昏厥、恶心、喘不过气、头晕、冒汗、心率过低或血压过低、脸色苍白、红潮、灰暗或视觉丧失以及心率增加等。

预案中同时也应告知高处作业者，若不慎跌落，又不能很快地进行营救，而自身营救也不可能时，应不停地运动双腿来“保持血液的流动”，以此减低静脉淤滞的危险。这样有助于在营救开始之前，延长其悬空在那里的时间。

当然，越来越多的跌落防护设备不断被设计得使作业者在悬空期间得到最大的健康及安全保护。例如，一些安全带配备了附设的腿部套圈，可使作业者悬在半空时能直立着；而且跌落防护系统现在也设计的在悬空期间更有利于腿部运动。

绝大部分跌落防护专家认为：最好的营救策略是首先采取每一个可能的预防措施来防止工人跌落；但实际情况是跌落还是发生，即使是在最有安全意识的施工现场也会如此，所以营救预案是跌落防护全面规划中的一个关键部分。

3. 怎么样才算是快速营救

在遭受健康损害之前，作业者到底能保持倒悬不动多久？这是一个在争论的问题，有研究指出：悬空在跌落防护装置中会失去知觉，继而在30min之内死亡。

国外曾有一项对空军的研究成果，该研究中悬空在降落伞背带上的志愿者在12～15min这么短的时间内，就感受到了不良的健康反应。

设在多伦多的Solowski跌落防护中心的创始人以及国际跌落防护安全委员会委员、工程学教授及科学院士Andrew Solowski建议，通常营救须在“15min之内”完成。

“营救须尽可能快地进行，但要保证营救人员百分之一百的安全。”Solowski说道。

ANSI Z359.1《一般行业跌落防护标准》的修订版建议“6min”可能是较适当的时间。天啊，按这个时间，就是等候在跌落者上方，也难以完成营救工作。

从事营救行业的多数人都认为讨论时间并不太重要，而重要得多的是讨论怎样才适合于特定的处境。“快速营救”这一词的定义有一定的含糊，因为每一种处境都是不同的，况且有如此之多的不确定因素需要考虑：跌落者神智是清醒的还是失去知觉的？悬挂跌落者的防护装置是怎么样的？跌落者是悬空着还是由安全带之外的什么物体支撑着？……

编者经常看见消防队员进行演习及训练，他们似乎从不停止不断提高其实战能力培训，他们深知：培训能够挽救生命和财产。

在真人发生跌落之前，制订营救培训计划并实施，其重要性也许不亚于制订有一份适当的营救预案。但不幸的是，编者并没见到有企业实施高处作业跌落模拟性营救训练培训。

模拟跌落过后营救的培训，可以是“预先计划”的，它使得营救情况成为一件计划好的事情而不是手忙脚乱的事情。预先计划的其他部分也需要考虑：营救时可能的安全位置、是把作业者放低还是抬高至安全高度、作业点的实际状况及其对营救可能的影响等其他方方面面。作业点状况包括诸如作业者跌落途径中有何种障碍物以及工人在跌落事件中是否有一条无障碍的通道之类的考虑。

为了您和您的员工的安全，请合理实施高空作业跌落防护及营救设施建设，并开展相关的技术作业培训。

因此，具有一个营救预案同有一个跌落防护方案一样重要！只有预防跌落方案而没有营救预案，您只是做了事情的一半；如果是这样，您还不如什么都不要做！